Autor

Dr. Wolfram Heger

100 ESG-Kennzahlen

Über den Autor

Dr. Wolfram Heger ist Senior Manager Corporate Responsibility Management bei einem großen süddeutschen Konzern. Zu seinen Arbeitsschwerpunkten zählen u. a. Nachhaltigkeits-Governance, Stakeholder Management und Menschenrechte. Darüber hinaus ist er Gründer der Dr. Heger + Experten GmbH, welche Unternehmen beim Aufbau eines ganzheitlichen und strategischen Nachhaltigkeitsmanagements unterstützt. Dr. Heger ist zudem Dozent an Hochschulen und Universitäten.

2. überarbeitete Auflage 2021

Cover: cometis publishing GmbH & Co. KG

ISBN 978-3-00-069971-9

Vorwort des Autors

Liebe Leser,

das Handbuch »100 ESG-Kennzahlen« richtet sich an Unternehmen, die den Aufbau eines strategischen Nachhaltigkeitsmanagementsystems durch ein geeignetes Kennzahlensystem unterstützen wollen. Dies ist zunehmend unverzichtbar, um Kunden- bzw. Stakeholderanforderungen an Nachhaltigkeit zu erfüllen und sich den Markt für »Socially Responsible Investments (SRI)« zu erschließen. Denn langfristiger (auch i.S. von nachhaltiger) Unternehmenserfolg braucht die erfolgreiche Integration und Steuerung von Nachhaltigkeit im operativen Geschäft. Ein unternehmerisches Performance Management unterstützt diesen Prozess – mit Systemen, mit denen die Leistung des Unternehmens gemessen, gesteuert und auf ökonomischen, sozialen und ökologischen Erfolg ausgerichtet wird.[1]

Hierzu gibt es angesichts massiver globaler ökologischer und gesellschaftlicher Herausforderungen – von der Begrenzung der Erderwärmung über die Verhinderung zu Kinderarbeit bis hin zum Kampf gegen Korruption – keine Alternative. Von Unternehmen wird hierzu in der öffentlichen Verantwortungsdebatte ein Lösungsbeitrag gefordert. Global formuliert in den 17 nachhaltigen Entwicklungszielen der Vereinten Nationen in der Agenda 2030 ist unternehmerisches Nachhaltigkeitsmanagement zunehmend sowohl eine moralische Pflicht als auch eine ökonomische Notwendigkeit – weil Kunden, Investoren oder die Gesellschaft dies einfordern und Gesetzgeber den Unternehmen immer mehr Leistungs- und Transparenzpflichten auferlegen.

Gerade am Kapitalmarkt hat der Trend einer verstärkten Berücksichtigung von Nachhaltigkeit signifikant an Bedeutung gewonnen. Immer mehr Investoren berücksichtigen »Environmental-Social-Governance (ESG)« -Kriterien bei ihrer Investitionsentscheidung. So ist die Anzahl der Unterzeichner der Principles for Responsible Investments (PRI) auf über 3000 gestiegen – mit über 100 Billionen US-Dollar Assets under Management.[2] Zudem bewerten immer mehr Ratingagenturen die Unternehmen hinsichtlich ihrer Nachhaltigkeitsperformance – mit direkten Folgen z.B. in Bezug auf Finanzierungskosten oder Reputation.

Somit ist die Diskussion um Nachhaltigkeit bzw. ESG heute nicht neu, wohl aber der Nachdruck, mit dem Verantwortungsübernahme von Politik, Kapitalmarkt oder Zivilgesellschaft eingefordert wird.

[1] Vgl. hierzu und nachfolgend Heger, W./Bürgel, M.: Corporate Responsibility (2014)
[2] Vgl. Principles for Responsible Investment (2021)

Vorwort des Autors

Strategisches ESG-Management liefert daher einen wichtigen Beitrag zur finanziellen Wertschöpfung. Dieser entsteht einerseits operativ und direkt über Kostensenkungen, Gewinnsteigerungen, Reputations- oder Risikominimierungsbeiträge oder andererseits indirekt, z. B. durch eine zusätzliche Sinnstiftung für die Mitarbeiter. ESG-Kriterien werden damit zu steuerungsrelevanten Faktoren - mit Zielsystem, Strategie sowie einem Controlling. Ihre Integration in das Performance Management wird zur unternehmerischen Existenzsicherung daher unverzichtbar.

So hilfreich ESG-Kennzahlen für die Steuerung von Nachhaltigkeitsaktivitäten auch sind, so bedeutend ist es hierüber zudem transparent zu berichten – ob im Geschäfts-, Lage- oder Nachhaltigkeitsbericht (je nach Unternehmen gesetzlich verpflichtend). Sind diese Informationen und Leistungsindikatoren nicht öffentlich verfügbar, gelten sie für Kunden oder Investoren als nicht existent und erlauben keine Bewertung der nachhaltigkeitsbezogenen Risikoexposition eines Unternehmens.

Dieses Handbuch »100 ESG-Kennzahlen« unterstützt daher Unternehmen dabei, ein ihrem Geschäftsmodell entsprechendes Set an Kennzahlen in allen ESG-Dimensionen zu entwickeln. Es wird die Bedeutung des Kennzahlenaspektes erklärt und die Relevanz und Aussagekraft aus Sicht unterschiedlicher Interessengruppen bewertet. Somit dient das Handbuch auch als Nachschlagewerk.

Ich hoffe, damit für Ihr Unternehmen einen hilfreichen Beitrag für die Umsetzung eines wirkungsvollen ESG-Performance-Managements zu leisten – ein Beitrag, der sowohl dazu dient, verantwortliches Handeln unternehmensweit zu etablieren, als auch nachhaltig wirtschaftlichen Erfolg abzusichern.

Dr. Wolfram Heger

Fragen, Anregungen und Kommentare bitte an:
heger@nachhaltig-erfolgreich-jetzt.de bzw.
esg@cometis.com

Hinweise zur Benutzung des Handbuches

Dieses Handbuch gliedert sich methodisch in einen ersten Teil, der absolute Nachhaltigkeitskennzahlen nebst Beispielwerten benennt. In den darauffolgenden Kapiteln werden hierauf aufbauend die wichtigsten 100 ESG-Kennzahlen in den Dimensionen Umwelt, Mitarbeiter und Gesellschaft genannt, erläutert, bewertet sowie auf Basis der in Teil 1 genannten Beispielwerte errechnet – jeweils eine SRI-Kennzahl auf einer Seite.

Bei der Auswahl der Kennzahlen wurde auf anerkannte Berichtsstandards zu Nachhaltigkeit zurückgegriffen. Insbesondere sind dies die international anerkannten Berichtsleitlinien der Global Reporting Initiative (GRI), sowie die stärker finanzmarktorientierten Leitlinien der »European Federation of Financial Analyst Societies (EFFAS)« bzw. die SASB-Standards. Die beiden letzteren stellen explizit die Nachhaltigkeits-Verbindung zwischen Unternehmen und Investoren her.[3] Für den deutschsprachigen Raum wurden zudem die Anforderungen des »Deutschen Nachhaltigkeitskodex (DNK)« berücksichtigt. Darüber hinaus werden auch Kennzahlen von kapitalmarktrelevanten Initiativen mit aufgenommen – so z.B. Informationsanforderungen der Task Force for Climate Related Disclosure, Banken, Asset Managern, Nachhaltigkeitsinvestoren oder Ratings und Rankings.

Es sei darauf hingewiesen, dass in diesem Handbuch »nur« eine vom Autor vorgenommene Auswahl an Kennzahlen genannt wird, die vom Unternehmen konsistent über mehrere Jahre veröffentlicht werden sollten, um Trendaussagen zu erlauben. Das heißt, dieses Handbuch nimmt nicht alle in einem bestimmten Standard geforderten Kennzahlen mit auf. Dennoch bereitet es gesetzlich verpflichtete und freiwillig berichtende Unternehmen gut auf eine öffentliche Berichterstattung vor.

Die für dieses Handbuch ausgewählten Kennzahlen sind industrieunabhängig.[4] Um für eine möglichst große Anzahl von Unternehmen eine Vielzahl relevanter KPIs zusammenzustellen, wird in diesem Buch von einem produzierenden Unternehmen ausgegangen. Zudem decken die gewählten Kennzahlen den Informationsbedarf unterschiedlicher Interessengruppen, insbesondere Kapital-

[3] Vgl. hierzu grundlegend European Federation of Financial Analyst Societies (EFFAS)/Society of Investment Professionals Germany (DVFA) (2010); Global Reporting Initiative (2021); Rat für Nachhaltige Entwicklung: Der Deutsche Nachhaltigkeitskodex (2021); SASB (2021)

[4] Ergänzend finden sich bei einzelnen Berichtsstandards, z.B. SASB oder GRI, weitere Subsektoren-Kennzahlen für unterschiedliche Branchen: Öl & Gas, Rohstoffe, Industriewerte, Gesundheit, Dienstleistungen, Telekommunikation, Finanzen, Technologie.

marktvertreter, Nichtregierungsorganisationen, Medien, Zivilgesellschaft, die Politik und Mitarbeiter.

Damit ein Unternehmen möglichst die richtigen Kennzahlen (unternehmensspezifisch und zielgruppengenau) zusammenstellt, wird unbedingt empfohlen, der Datenerhebung und Kennzahlenberechnung eine Materialitätsanalyse voranzustellen. Hierbei wird in einer Matrix gegenübergestellt, welchen Beitrag das Unternehmen zu bestimmten Nachhaltigkeitsfragen leistet und welche Erwartungen die externen Stakeholder – Analysten, Investoren, Kommunen, Nichtregierungsorganisationen (NGOs) – an das Unternehmen haben. Damit erhält das Unternehmen einen guten Überblick, auf welchen ESG-Fragestellungen der Arbeitsschwerpunkt – und damit auch der zu berichtenden Kennzahlen – liegen sollte.

Nach der einleitenden Benennung der absoluten Kennzahlen in Teil 1 ist jede Kennzahlenseite in den Folgekapiteln gleich aufgebaut und enthält folgende Komponenten: Kennzahlendefinition, Berechnungsformel, Beispielrechnung, Erläuterung, Vor- und Nachteile sowie eine Beurteilung der Wichtigkeit für einzelne Stakeholder. Letztere ist in einer Tabelle dargestellt. Hierin wird angegeben, welche Bedeutung (hoch, mittel, gering) die unterschiedlichen Anspruchsgruppen der Kennzahl und dem der Kennzahl zugrunde liegenden Themenfeld tendenziell beimessen.

Inhaltsverzeichnis

Inhaltsverzeichnis

3. Umwelt-SRI-Kennzahlen

4. Gesellschaftliche SRI-Kennzahlen – Mitarbeiter

Inhaltsverzeichnis

Inhaltsverzeichnis

Inhaltsverzeichnis

Abkürzungsverzeichnis

AR	Absentee Rate
CapEx	Capital Expenditure
CEO	Chief Executive Officer (Vorstand)
CR/CSR	Corporate Responsibility/Corporate Social Responsibility
CO_2	Kohlenstoffdioxid
CPI	Corruption Perception Index (von Transparency International)
DNK	Deutscher Nachhaltigkeitskodex
DJSI	Dow Jones Sustainability Index
ECA	Export Credit Agencies
EEG	Erneuerbare Energien Gesetz
EFFAS	European Federation of Financial Analyst Societies
EK	Eigenkapital
EMAS	Environmental Management Auditing System
ESG	Environmental, Social and Governance
EVG&D	Economic Value Generated and Distributed
FuE	Forschung und Entwicklung
GHG	Greenhouse Gas Emissions (Treibhausgas-Emissionen)
GRI	Global Reporting Initiative
GuV	Gewinn- und Verlustrechnung
GWP	Global Warming Potential
ILO	International Labour Organization
ISO	International Organization for Standardization
IT	Informationstechnik
LDR	Lost Day Rate
NGO	Nichtregierungsorganisation
NO_x	Nitrogen oxide (nitrose Gase)

Abkürzungsverzeichnis

ODS	Ozone Depleting Substances
OECD	Organization for Economic Cooperation and Development
OHSAS	Occupational Health and Safety Assessment Series
OpEx	Operational Expenditures
SA 8000 (SASB)	Social Accountability (Standard)
SO_x	Social Responsible Investment
SRI	Socially Responsible Investments
THG	Treibhausgase
UN	United Nations
UNFCC	United Nations Framework Convention on Climate Change
VOC	Volatile Organic Compounds
VZÄ	Vollzeitäquivalent (mit Bezug auf eine Vollzeit-Arbeitskraft)
WBCSD	World Business Council for Sustainable Development
WIR	World Resources Institute

Kapitel 1

Das Unternehmen – absolute Kennzahlen

1. Das Unternehmen – absolute Kennzahlen

1.1 Absolute ökonomische Kennzahlen

Unternehmerische Verantwortung und Nachhaltigkeit wird immer im Zusammenspiel der Dimensionen Ökonomie, Ökologie und Gesellschaft betrachtet. Wenngleich es in Teilen schwierig ist, explizit Nachhaltigkeitskennzahlen mit ökonomischem Bezug herauszuarbeiten, wirken letztlich alle Umwelt- und Gesellschaftsfaktoren kurz-, mittel- oder langfristig auf die finanzielle und ökonomische Dimension. Dass diese Verbindung zunehmend auch an den Kapitalmärkten eine Rolle spielt, zeigt neben dem gestiegenen Anteil ethischer und nachhaltig orientierter Investments u.a. auch der Trend zur integrierten Berichterstattung – also die volle Integration von ESG-Kennzahlen in den Lagebericht. Auch nationale wie internationale regulatorische Berichtspflichten über nicht finanzielle Leistungsindikatoren, die immer weiter verschärft werden, belegen dies. Dadurch erhalten Lage- und Geschäftsberichte ein erweitertes Informationsangebot für Gesellschafter, Investoren und weitere Interessengruppen. Dabei können ökonomische Ziele und Nachhaltigkeitsanforderungen durchaus manchmal widersprüchlich zueinander sein, wenn z.B. soziale und ökologische Kosten externalisiert werden.

Ökonomische Kennzahlen im Kontext von ESG und Nachhaltigkeit zielen daher darauf ab, die Auswirkungen wirtschaftlichen Handelns auf Umwelt und Gesellschaft transparent zu machen. Zudem wollen gerade Investoren und institutionelle Anleger wissen, wie sich nachhaltigkeitsbedingte Trends (z.B. steigende CO_2-Preise oder Transformationsentwicklungen) auf ökonomische Kernindikatoren auswirken. Zentrale Fragen in diesem Kontext sind daher: Welchen Risiken sind Vermögenswerte aufgrund von Nachhaltigkeitsentwicklungen ausgesetzt? Worin besteht der wirtschaftliche und gesellschaftliche Mehrwert des Unternehmenshandelns an seinen Standorten? Bei international agierenden Unternehmen: Welche direkten und indirekten volkswirtschaftlichen Folgen und Einflüsse an den lokalen Standorten haben die Unternehmensaktivitäten?

1. Das Unternehmen – absolute Kennzahlen

Nachfolgend sind bezogen auf diese vorstehenden Fragestellungen der ökonomischen ESG-Dimension die wichtigsten absoluten Kennzahlen für das Beispielunternehmen zusammengestellt.

Tabelle 1 (T1): Ökonomie – absolute Kennzahlen

Kennzahl	Beschreibung	Bsp.-Wert
Umsatz	Gesamtumsatz des Unternehmens weltweit	11.500 Mio. €
	Umsatzanteil mit Produkten jünger 3 Jahre	4.600 Mio. €
Marktwert	Marktkapitalisierung	40.000 Mio. €
Kapital	Gesamtkapital	30.000 Mio. €
	Eigenkapital	8.000 Mio. €
	EK in Mitarbeiterbesitz	500 Mio. €
Einkünfte		1.000 Mio. €
FuE in ESG-Bereiche		236,9 Mio. €
Logistik	Aufwendungen für Logistik	500 Mio. €
	davon unter Effizienzprüfung	100 Mio. €
Geschäfts-/Produktionsstandorte	Anzahl	30
	davon ISO 14001, EMAS, ISO 9000 und ISO 45001 zertifiziert	15
Unternehmensflächen	Gesamt/unter Biodiversitätsaspekten geprüft	200 ha/70ha
CapEx in ESG	Investitionen in:	
	• ökologisches Produktdesign	30 Mio. €
	• ökoeffiziente Produktionsprozesse	70 Mio. €
	• neue umweltfreundliche Produkte	350 Mio. €
	• Sicherheitsbedingungen für Mitarbeiter	4 Mio. €
Finanzanlagen	Finanzanlagen gesamt	20 Mio. €
	Auf Umwelt- und Gesellschaftseffekte geprüfte Finanzanlagen	7 Mio. €
Verteilter wirtschaftlicher Wert	Betriebskosten + Löhne und sonstige betriebliche Leistungen + Zahlungen an Kapitalgeber	6.897 Mio. €
	Zahlungen an die Regierung	3.450 Mio. €
	Investitionen in die Gemeinschaft	3,0 Mio. €
Pensionsverpflichtungen	Summe ungedeckter Pensionsverpflichtungen	250 Mio. €
Finanzielle Regierungsunterstützung	• Steuererleichterungen	100.000 €
	• Subventionen;	250.000 €
	• Investitionszuschüsse	120.000 €
	• Gebührenbefreiungen	50.000 €
	• Unterstützung von Exportkreditagenturen	110.000 €

Vergütung	CEO-Vergütung Höchstvergütung in Land x Anstieg der Durchschnittsvergütung in Land x	4 Mio. € 55.000 € (+5%)
Lokaler Mindestlohn	Standardeintrittsgehalt Deutschland/Monat Lokaler Mindestlohn/Monat	2.100 € 1.360 €
Lokales Einkaufsvolumen	Gesamteinkaufsbudget für Land A Lokales Einkaufsbudget für Land A	750 Mio. € 525 Mio. €
Zulieferer	Gesamtzahl Zulieferer, Vertragspartner davon neu im Berichtsjahr und ESG geprüft	954 40 (10)
Produkte	Gesamtzahl der Produkte davon neue (und modifizierte) Produkte	100 20
Marketing	Markenausgaben	250 Mio. €
Produkt und Gesundheit	Anzahl maßgeblicher Produkt- und Dienstleistungskategorien, deren Auswirkungen auf Gesundheit und Sicherheit geprüft wurden	Ohne Rechnung
Kundenzufriedenheit	Anzahl zufriedener Kunden/Anzahl befragter Kunden	3.224/3.800

1.2 Absolute Umweltkennzahlen

Klimaschutz, Ressourceneffizienz oder Bewahrung der Biodiversität sind nur einige der ökologischen Herausforderungen für Unternehmen, über die mittels ihrer Berichte und Kennzahlen ein aussagekräftiges Bild entstehen soll. Nachfolgend sind bezogen auf den Umweltschutz zunächst die wichtigsten Aspekte – Materialeinsatz, Emissionen, Energie, Wasser und Biodiversität – kurz erläutert, bevor die wichtigsten absoluten Kennzahlen hierzu benannt werden.

Mit einem ressourcenschonenden Materialeinsatz beschreibt die Organisation ihren Beitrag zu einer verbesserten Ressourceneffizienz, sowie einer Kreislaufwirtschaft (mit potentiell kostensenkenden Wirkungen). Gleichwohl bleibt diese Diskussion aufgrund ihrer betriebswirtschaftlichen Effekte von mit einzelnen Stakeholdern fundamental kontrovers. Denn die produzierende Wirtschaft ist, jenseits von Dienstleistungen oder IT, auf Wachstum aus – verbunden mit erhöhtem Materialeinsatz. Im Bewusstsein dieses Dilemmas sollten Unternehmen hierauf mit verantwortungsbewussten Lösungsansätzen reagieren.

Tabelle 2 (T2): Material, Abfall, Wasser und Verpackung – absolute Umweltkennzahlen

Kennzahl	Beschreibung	Bsp.-Wert
Materialien	Gesamtmaterialeinsatz	500.000 t
	Verwendetes Recyclingmaterial	120.000 t
Wasser	Gesamtwasserentnahme (empfohlene weitere Unterscheidung aufgrund Kostenimplikationen nach Stadtwasser, Grundwasser und Oberflächenwasser)	1,529x m^3-1.000 m^3
Wasser	Zurückgewonnenes + wiederverwertetes Wasser	270.000 m^3
Abfall	Gesamtgewicht des Abfalls	25.810 t
	Gesamtgewicht des recycelten Abfalls	16.810 t
	Abfall zur Beseitigung	6.700 t
	Abfall zur Verwertung ohne Schrott	2.430 t
	Schrott zur Verwertung	7.780 t
	Gefährlicher Abfall zur Beseitigung	2.300 t
	Gefährlicher Abfall zur Verwertung	6.600 t
Verpackungen	Gesamtmenge Verpackungsmaterial	25.810 t
	Zurückgenommene Produkte und deren Verpackungsmaterial/Gesamtzahl verkaufter Produkte	20.000/ 600.000

Luftverschmutzung – insbesondere die für die Klimaerwärmung verantwortlichen CO_2-Emissionen – beeinträchtigt die Lebensräume und Gesundheit von Menschen und Tieren. Deren Bekämpfung, die Begrenzung der Erderwärmung auf 2 bzw. 1,5 Grad als Ziel des Pariser Klimaabkommens wirkt damit direkt und indirekt auf die unternehmerische Tätigkeit. In Regionen mit Emissionsobergrenzen oder CO_2-Preisen entstehen für das Unternehmen direkte Kosten entsprechend der emittierten Mengen an CO_2.

Daher sind in der Berichterstattung Unternehmensangaben zu luftverschmutzenden Emissionen, v. a. ozonabbauender Stoffe wie CO_2, von besonderer Bedeutung.[5] CO_2 sowie andere Treibhausgase, die mit Hilfe eines

1. Das Unternehmen – absolute Kennzahlen

Abbildung 1: Direkte und indirekte Treibhausgasemissionen – das Greenhouse-Gas-Protocol[6]

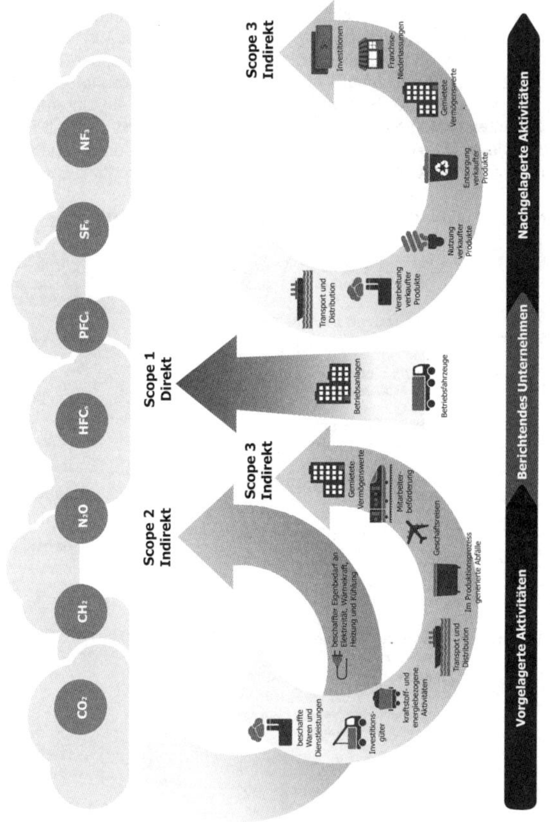

[6] Quelle: World Business Council for Sustainable Development/World Ressource Institute (2021)

Umrechnungsfaktors (ihrem Global Warming Potential, GWP) in CO_2-Äquivalente umgerechnet werden, sind international anerkannt nach den Vorgaben des »Greenhouse-Gas (GHG)-Protocols« zusammengestellt.

Wie das vorherige Schaubild zeigt, werden hierbei drei Umfänge (Scopes) unterschieden (siehe deren beispielhafte Berechnung in den Abschnitten 3.1, 3.2 und 3.3). Ebenso im Fokus sind NOx- und SOx-Emissionen, die zur Entstehung von Feinstaub, Ozonsmog, saurem Regen und zur Bildung schädlicher Rußpartikel beitragen. Mit Hilfe des GHG-Protocols kann ein Unternehmen seinen gesamten ökologischen Fußabdruck bestimmen. Er ist das Maß für die Gesamtmenge an CO_2-Äquivalenten, die direkt oder indirekt durch eine Aktivität verursacht werden oder über die Lebensstadien eines Produkts entstehen.

Tabelle 3 (T3): Emissionen – absolute Umweltkennzahlen

Kennzahl	Beschreibung	Bsp.-Wert
Treibhausgas-emissionen	Gesamte direkte/indirekte THG nach Gewicht	92.000 t/ 235.000 t (CO_2)
Direkte THG-Emissionen (Scope 1)	CO_2 (Kohlenstoffdioxid) in 1.000 t CO_2	1.400
	N_20 (Distickstoffmonoxid) in 1.000 t CO_2-Äquivalenten	600
	CH_4 (Methan) in 1.000 t CO_2-Äquivalente	24
	HFC (Fluorkohlenwasserstoffe) in 1.000 t CO_2-Äquivalente	0
	SF6 (Schwefelhexafluorid) in 1.000 t CO_2-Äquivalente	0
Indirekte THG (Scope 2)	CO_2 (Kohlenstoffdioxid) in 1.000 t CO_2 oder Äquivalente	520
Weitere THG (Scope 3)	Eingekaufte Produkte und Dienstleistungen	4.900
	Kraftstoff und engergiebezogene Aktivitäten in 1.000 t CO_2-Äquivalente	300
	Upstream-Transport und Distribution in 1.000 t CO_2-Äquivalente	200

	NOx Gesamtemissionen NOx in 1000 Tonnen CO2-Äquivalenten	Ohne Rechnung
	SOx Gesamtemissionen SOx in 1000 Tonnen CO2-Äquivalenten	Ohne Rechnung
	VOC Gesamtemissionen VOC in 1000 Tonnen CO2-Äquivalenten	Ohne Rechnung
	Abfallbehandlung in 1.000 t CO_2-Äquivalente	100
	Geschäftsreisen in 1.000 t CO_2-Äquivalente	30
	Mitarbeiter Pendelverkehr in 1.000 t CO_2-Äquivalente	30
	Downstream-Transport und Distribution in 1.000 t CO_2-Äquivalente	20
	End-of-Life-Behandlung verkaufter Produkte in 1.000 t CO_2-Äquivalente	1.400
Weitere Emissionen	Andere wesentliche Luftemissionen nach Art und Gewicht	ohne Rechnung

[5] Die Ozonschicht schützt lebende Organismen auf der Erde vor der biologisch schädlichen ultravioletten Strahlung der Sonne. Im Montrealer Protokoll von 1987 wurde daher ein schrittweiser Ausstieg aus der Verwendung ozonabbauender Stoffe (ODS = Ozone Depleting Substances) beschlossen.

[6] Vgl. grundlegend World Business Council for Sustainable Development/World Resources Institute, »Technical Guidance for Calculating Scope 3 Emissions«, Genf, 2013, S. 6

Wesentlicher Einflussfaktor auf die Gesamtmenge an Emissionen ist der Energieverbrauch, dessen Erzeugung als eine Hauptquelle von Treibhausgasemissionen gilt. Der »ökologische Fußabdruck« wird dadurch maßgeblich beeinflusst. Kennzahlen hierzu helfen beispielsweise Kapitalmarktanalysten unter anderem einzuschätzen, wie die Organisation von künftigen Preisschwankungen oder umweltrechtlichen Vorschriften, wie z. B. dem Pariser Klimaabkommen, den Regularien aus dem EU-Green-Deal oder dem deutschen Klimaschutzgesetz (welches Klimaneutralität bis 2045 zum Ziel hat), betroffen sein könnte.

Tabelle 4 (T4): Energie – absolute Umweltkennzahlen

Kennzahl	Beschreibung	Bsp.-Wert
Energie	Verbrauchte nicht erneuerbare Energie	1.200 GWh
	Verbrauchte erneuerbare Energie	400 GWh
	Strom-, Heizung-, Kühlungs- und Fernwärme-Käufe zum Eigenverbrauch	300 GWh
	Selbsterzeugte(r) Strom, Heizung, Kühlung und Fernwärme	500 GWh

	Verkaufte(r) Strom, Heizung, Kühlung und Fernwärme	250 GWh
Energieeinsparungen	• durch Verfahrensverbesserungen • Optimierung bestehender Anlagen • Green-IT-Projekt	10.000 MWh 45.000 MWh 21.000 MWh
Energie-Effizienzsteigerung Produkt	Senkung des Energieverbrauchs von Produkt A im Stand-by-Betrieb	alt: 1,8 kWh/Tag, neu: 1,5 kWh/Tag

1.3 Absolute Gesellschaftskennzahlen – Mitarbeiter und Arbeitsbeziehungen

Nachfolgend sind für die Gesellschaftsdimension (das Social von ESG), weiter differenziert nach Mitarbeiter, Menschenrechte, Compliance, Zulieferer und Politik/Gemeinden, zunächst die wichtigsten Aspekte im ESG-Management der Mitarbeiter und Arbeitsbeziehungen erläutert. Hierauf aufbauend werden tabellarisch die wichtigsten absoluten Kennzahlenwerte zusammengestellt.

Die Zielbeiträge von guter ESG-Praxis im Umgang mit den Mitarbeitern sind vielfältig. Dazu zählen Identifikation (zusätzliche Sinnstiftung), Mitarbeiterbindung oder Unterstützung bei der Talent-Rekrutierung. Diese Faktoren tragen zu einem guten »Employer Branding« bei und machen das Personalressort zu einem Schlüsselpartner in Sachen ESG. Hierüber und über die gelebte Verantwortung durch die Mitarbeiter selber muss sichergestellt werden, dass ESG zu einem Erfolgsfaktor bei der Erreichung der Unternehmensziele wird. Entsprechend dieser Bedeutung ist das Kennzahlen-Spektrum entsprechend ausdifferenziert.

Erster Bereich sind Angaben zur Gesamtbelegschaft – Größe, Zusammensetzung, regionale Verteilung, Vielfalt (Diversity) etc. Sie lassen Rückschlüsse zu Art und Umfang arbeitsrechtlicher Fragen zu, sagen etwas über die Sicherheit der Arbeitsplätze aus und dokumentieren im Mehrjahresvergleich den Beitrag der Organisation zur allgemeinen wirtschaftlichen Entwicklung.

1. Das Unternehmen – absolute Kennzahlen

Tabelle 5 (T5): Mitarbeiter und Belegschaft – absolute Gesellschaftskennzahlen

Kennzahl	Beschreibung	Bsp.-Wert	Vorjahr
Belegschaft	Gesamtbelegschaft	28.500	28.250
	davon unbefristet / befristet	25.650 / 2.850	26.837 / 1.413
	davon gewerblich	22.000	22.000
	davon Menschen mit Behinderung	1.600	
Belegschaft nach Beschäftigungsart	Männer – Vollzeit / Teilzeit	21.500 / 2.000	23.400
	Frauen – Vollzeit / Teilzeit	3.000 / 2.000	4.850
Auszubildende	Gesamtzahl	2.000	
	Nach Ausbildung übernommene	1.900	2.200
Neueinstellungen	Region A: Zu- / Abgänge	0 / 250	n. a.
	Region B: Zu- / Abgänge	200 / 300	
	Region C: Zu- / Abgänge	700 / 100	
Führungskräfte	Gesamt	1.425	1.412
	davon Frauen	428	354
	davon lokale Führungskräfte	80	n.a.
Belegschaft nach Region	Region A	16.000	16.250
	Region B	7.000	7.100
	Region C	5.500	4.900
Zufriedenheit	Anzahl zufriedener Mitarbeiter	16.000	15.000
Erziehungsurlaub	Nach Erziehungsurlaub zurückgekehrte Männer / Frauen	40 / 460	n. a.
	Nach Erziehungsurlaub Zurückgekehrte, 1 Jahr später noch im Unternehmen Männer / Frauen	38 / 430	n. a.

Neben Angaben über die Zusammensetzung der Belegschaft unter verschiedenen Blickwinkeln stehen vor allem finanzielle Aspekte im Umgang mit den Mitarbeitern im Fokus der ESG-Interessengruppen. Stichworte sind hier die betriebliche Altersvorsorge sowie Löhne und Gehälter. Sie bedeuten für die Arbeitnehmer langfristige finanzielle Sicherheit, für den Arbeitgeber langfristig eingegangene Pflichten, für die auch mehr oder weniger risikoreiche

Kapitalmarktinstrumente eingesetzt werden.

Tabelle 6 (T6): Mitarbeiter Bezüge und Sozialleistungen – absolute Gesellschaftskennzahlen

Kennzahl	Beschreibung	Bsp.-Wert
Bezüge	Gesamtbetrag an Boni, Incentivierungen und Stock Options in €	n. a.
Sozialleistungen	Betriebliche soziale Zuwendungen	n. a.
Lohn, Gehalt, Vergütung	Grundgehalt / Vergütung Frauen (Management / Produktion) Grundgehalt / Vergütung Männer (Management / Produktion)	50.000 € / 33.000 € 50.000€ / 33.000 €
Verdienst	Bruttostundenverdienst Männer / Frauen	19,60 € / 15,20 €

Von ebenso großer Bedeutung sind Unternehmensangaben über Arbeitsbeziehungen, also Fragen der gewerkschaftlichen Vertretung, Absicherung im Krankheitsfall etc. Zur Berechnung relevanter Kennzahlen werden nachfolgende absoluten Kennzahlen benötigt.

Tabelle 7 (T7): Mitarbeiter Arbeitsbeziehungen – absolute Gesellschaftskennzahlen

Kennzahl	Beschreibung	Bsp.-Wert
Arbeitszeit	Arbeitstage pro Jahr Anzahl der geleisteten Stunden (Basis: 50 Wochen, zu je 40 h für 100 Mitarbeiter)	57.000.000 h

Arbeitszeitmodelle	Anzahl Mitarbeiter mit flexiblen Arbeitszeitmodellen	3.000 (von 28.500)
Kollektivvereinbarungen	Anzahl Mitarbeiter unter Kollektivvereinbarungen in Region A/B/C	16.000/0/2.000
	Anzahl Produktionsstätten mit lokaler gewerkschaftlichen Vertretung	25 (von 30)
Gesundheit	Anzahl Berufskrankheiten	1.140
	Anzahl Ausfalltage	170.000
	Anzahl Abwesenheitstage	140.000
	Anzahl der Verletzungen	1.600
	Anzahl betriebliche Todesfälle	2
	Mitarbeiterzahl in Arbeitsschutzprogrammen	28.500
	Gesamtstundenzahl Aus-/Weiterbildung	200.000
Aus-/Weiterbildung	Gesamtausgaben Aus-/Weiterbildung	12.200.000 €
	Anzahl Mitarbeiter mit Leistungsbeurteilung Männer/Frauen	20.500 Männer 4.200 Frauen

1.4 Absolute Gesellschaftskennzahlen – Menschenrechte

Die Einhaltung von Menschenrechten im eigenen Einflussbereich ist ein »muss«. Menschenrechte sind ein zentrales Element des ESG-Managements – weil es ethisch richtig ist und um schwere Reputations- und finanzielle Schäden für das Unternehmen zu vermeiden. Die »UN-Leitprinzipien für Wirtschaft und Menschenrechte« von 2011 weisen den Unternehmen die unmittelbare Verantwortung zu, Menschenrechte in ihrem Einflussbereich zu respektieren und dies mit Hilfe eines Due-Diligence-Prozess sicherzustellen.[7] Der UN-Menschenrechtsrat prüft aktuell gar, ob die Leitprinzipien völkerrechtlich verbindlich werden sollen. Den UN-Prinzipien zufolge schließt dies auch eine Verantwortung für Menschenrechte in der Zuliefererkette mit ein. Das heißt, Unternehmen sind aufgefordert, diejenigen Geschäftstätigkeiten, Geschäftsstandorte und Lieferanten zu ermitteln, bei denen ein potenzielles Menschenrechtsrisiko besteht, wo beispielsweise das Recht auf Kollektivverhandlungen verletzt wird, wo Mitarbeiter diskriminiert, Kinder- und Zwangsarbeit vorzufinden sind oder die Rechte von Ureinwohnern missachtet werden. In Deutschland verpflichtet das »Lieferkettensorgfaltspflichtengesetz« ab dem Jahr 2023 Unternehmen ab einer bestimmten Größe, explizit menschenrechtliche Sorgfaltsprüfungen für seine Wertschöpfungskette durchzuführen.

[7] Vgl. UN- Guiding Principles (2011)

Für das Themenfeld Menschenrechte sind in nachfolgender Tabelle die wichtigsten absolut zu ermittelnden Kennzahlen zusammengestellt.

Tabelle 8 (T8): Menschenrechte – absolute Gesellschaftskennzahlen

Kennzahl	Beschreibung	Bsp.-Wert
Investitionen	Gesamtzahl Investitionen für die auch eine menschenrechtliche Sorgfaltsprüfung durchgeführt wurde	5
	Gesamtzahl Verträge mit Menschenrechtsklauseln	10.000
Menschenrechts-Schulungen – Stunden/ Mitarbeiter	Menschenrechtsschulungen • Gesamtzahl Schulungsstunden • Gesamtzahl geschulter Mitarbeiter	 26.000 20.350
Rechte indigener Bevölkerung	Anzahl an Vorfällen, in denen die Rechte der indigenen Völker verletzt wurden	2
Menschenrechte – Standorte	• mit Verletzung von Vereinigungsfreiheit oder Kollektivverhandlungen • unter Menschenrechtsgesichtspunkten geprüft	0 15
Menschenrechte – Geschäftspartner	Nach SA8000 zertifiziert Geschäftspartner	80 (von 954)
Menschenrechte und Sicherheitspersonal	Gesamtzahl Mitarbeiter Sicherheitspersonal davon zu Menschenrechten geschult	300 250
Kritische Rohstoffe	Gesamtzahl aller kritischen Rohstoffketten (Kobalt, Lithium, Gold, Tantal...)	10

1.5 Absolute Gesellschaftskennzahlen – Compliance, Recht und Integrität

Der Kampf gegen Korruption und Bestechung, sowie Regeleinhaltung und integres Verhalten sind weitere zentrale Elemente des Nachhaltigkeitsmanagements. Nicht nur im Falle von Menschenrechten, weil es ethisch richtig ist und schwere Reputationsschäden sowie finanzielle Schäden verhindert, die sich vor allem aus Strafzahlungen nach juristischen Verfahren ergeben. Ein angemessenes System an Richtlinien und Prozessen, die eine Gesetzes- und Regeleinhaltung sicherstellen (Compliance) sowie Initiativen zur Etablierung von integrem Geschäftsgebaren können helfen, diese Risiken zu minimieren. Die in absoluten Zahlen oder Beschreibungen zu erfassenden Fakten beziehen sich v. a. auf gerichtliche Klagen und Bußgelder.

Anhängige Klagen zu wettbewerbswidrigem Verhalten und zu Kartell- oder Monopolbildung weisen darauf hin, dass der Unternehmensauftritt am Markt oder die Position eines Unternehmens einen für Dritte beunruhigenden Umfang erreicht haben. Und dies, weil die für das Funktionieren der Märkte wesentliche Annahme des wirkungsvollen Wettbewerbes zwischen Unternehmen als gefährdet angesehen wird. Bußgelder z. B. in Bezug auf Abrechnungsbetrug, Diskriminierung am Arbeitsplatz oder Korruption machen auf Defizite des Managements aufmerksam, das eigene operative Geschäft regelkonform und integer zu gestalten. Um dies in der Berichterstattung des Unternehmens zu erfassen, sind nachfolgend und bezogen auf diese gesellschaftliche Dimension von Compliance, Recht und Integrität die wichtigsten absoluten Kennzahlenwerte für das Beispiel-Unternehmen tabellarisch zusammengestellt.

Tabelle 9 (T9): Compliance, Recht und Integrität – absolute Gesellschaftskennzahlen

Kennzahl	Beschreibung	Bsp.-Wert
Rechts/Prozessrisiken	Ausgaben für Strafen, Filings und Gerichtsverfahren bzgl. Kartell-, Wettbe-werbs- und Monopolverfahren	ohne Rechnung
	Wesentliche Bußgelder (Geldwert) wegen Verstoßes gegen Rechtsvorschriften	ohne Rechnung
Korruptionsrisiken	Untersuchung auf Korruptionsrisiken • von Geschäftseinheiten • Standorten	ohne Rechnung 22 (von 30)
	Länder mit CPI<6,0 – Beispiel-Land (CPI-Wert Beispiel-Land/Umsatzanteil Beispiel-Land)[8]	Italien (43/15%) Ungarn (54/10%) Saudi-Arabien (46/5%)
Korruptionsschulungen	Anzahl der zur Korruption geschulten Mitarbeiter	8.000

1.6 Absolute Gesellschaftskennzahlen – Zulieferer

Zuliefererfragen sind in der Verantwortungsdebatte für alle in diesem Handbuch genannten ESG-Dimensionen relevant. Denn in der Öffentlichkeit stehende Unternehmen werden in zunehmendem Maße auch für das verantwortliche Handeln ihrer Zulieferer verantwortlich gemacht – u. a. für deren Einhaltung von Umweltschutz- und Sozialstandards. Zumindest bei Zulieferern der ersten Ebene wird diese Verantwortungsübernahme aus dem direkten Vertragsverhältnis abgeleitet. Jedoch gehen einige nationale und internationale Referenztexte, wie zum Beispiel die »UN-Leitprinzipien für Wirtschaft und Menschenrechte«, deutlich über die erste Ebene hinaus und beziehen die Unternehmensverantwortung auf die gesamte Wertschöpfungskette.

[8] Vgl.Transparency International (2020)

Wenngleich Verfehlungen seitens der Geschäftspartner, seien diese auf der Umwelt- oder Gesellschaftsseite, nie völlig auszuschließen sind, sollte eine Organisation zumindest belegen können, dass alle möglichen Vorkehrungen getroffen wurden, um sie zu vermeiden. Die Hinterlegung von ESG-Verantwortlichkeiten in den Verträgen mit den Tier 1 Zulieferern ist hierbei nur einer von mehreren geforderten Bausteinen. Ein weiterer ist die Überprüfung von kritischen Wertschöpfungsprozessen sowie ggf. das Abstellen von identifizierten Defiziten. Besonders relevant ist dies für Unternehmen, die stark mit Outsourcing und in weltweiten Netzwerken operieren. Ein regelmäßiges Screening der Zulieferer ist daher unverzichtbarer Teil des Risikomanagements einer Unternehmung.

Tabelle 10 (T10): Zulieferer – absolute Gesellschaftskennzahlen

Kennzahl	Beschreibung	Bsp.-Wert
Neue Zulieferer	Anzahl	150
Zulieferer-Prüfung	Anzahl der neuen Zulieferer geprüft nach	
	• ökologischen Kriterien	120
	• Arbeitspraktiken	110
	• Menschenrechten	110
	• Auswirkungen auf die Gesellschaft	
ESG-Audits	Anzahl in Bezug auf Auswirkungen auf die Gesellschaft untersuchter Zulieferer / davon auditiert	650 (von 954) / 60

1.7 Absolute Gesellschaftskennzahlen – Engagement in Politik und Gemeinden

Unternehmenshandeln hat immer auch Wechselwirkungen mit Marktstrukturen und dem gesellschaftlichen Umfeld. Dieses Zusammenspiel zwischen Unternehmen und den umgebenden Einrichtungen und sozialen Strukturen, wie z.B. den örtlichen Gemeinden, sind daher eine weitere wichtige Komponente der ESG-Leistung.

Gesellschaftliche Leistungsindikatoren versuchen daher zu beschreiben, wie die operative Tätigkeit eines Unternehmens auf das gesellschaftliche Umfeld wirkt. Dies umfasst lokale Kommunen ebenso wie die politischen Institutionen und Rahmenbedingungen auf Landes- oder Bundesebene. Thematisch sind hierbei insbesondere Informationen über das Engagement an den einzelnen Standorten von Relevanz, die Beteiligung an der politischen Willensbildung sowie die diesbezügliche Einhaltung von Rechtsvorschriften.

Schlüsselelemente, um lokale Auswirkungen auf Gemeinden zu handhaben, sind aktives Community Engagement und sorgfältige Planungen, wenn Auswirkungen auf die Gemeinden zu vermuten sind. Eine wichtige Stakeholder-Gruppe jedes Unternehmens sind daher die Anwohner sowie Lokalpolitiker an den Unternehmensstandorten. Ihnen kooperativ zu begegnen, ist daher notwendige Voraussetzung jedes unternehmerischen Handelns. Die nachfolgende Tabelle fasst die wichtigsten Kennzahlen der Dimension »Engagement in Politik und Gemeinden« tabellarisch zusammen.

Tabelle 11 (T11): Engagement in Politik und Gesellschaft – absolute Gesellschaftskennzahlen

Kennzahl	Beschreibung	Bsp.-Wert
Standorte	Anzahl mit Programmen zur lokalen Einbindung	12 (von 30)
Philanthropie	Gesamtwert	400.000 €
Zuwendungen an Parteien und Politiker	Gesamtwert der politischen Spenden, dargestellt nach Land und Empfänger / Begünstigtem	700.000 €

Kapitel 2

Ökonomische-SRI-Kennzahlen

2.1 Gesamtinvestitionen (CapEx, OpEx) in ESG-Bereiche des Geschäftsmodells

Formel	Rechenbeispiel (T1)
CapEx in ökologisches Produktdesign	30 Mio. €
+ CapEx in ökoeffiziente Produktionsprozesse	+ 70 Mio. €
+ CapEx in neue umweltfreundliche Produkte	+ 350 Mio. €
+ CapEx in Sicherheitsbedingungen für Mitarbeiter	+ 4 Mio. €
= Gesamtinvestitionen (CapEx) in ESG-Bereiche	**= 454 Mio. €**

$$\frac{\text{CapEx in ESG – relevante Bereiche}}{\text{Umsatz}} \times 100\,\% \qquad \frac{454 \text{ Mio. €}}{11.500 \text{ Mio. €}} \times 100\,\% = 3{,}97\,\%$$

Erläuterung

Die Gesamtinvestitionen (Capital Expenditures, CapEx, OpEx) in Forschung für ESG-relevante Bereiche (absolut und/oder als Prozent des Umsatzes) erlauben eine finanzwirtschaftliche Bewertung einer angemessenen Zukunftsvorbereitung i.S. eines nachhaltigen Geschäftsmodells (analog der F+E-Ausgaben). Unternehmerische Angaben verlangt auch die EU-Taxonomie im Rahmen des EU-Green Deal. Beispielhaft sind dies Investitionen in ökoeffiziente Produktionsprozesse oder Verbesserung der Gesundheits- und Sicherheitsbedingungen für Mitarbeiter und Partner der Lieferkette. Was Unternehmen unter ESG-relevanten Bereichen verstehen, muss hierbei individuell oder branchenspezifisch definiert und interpretiert werden (z. B. Automobilhersteller-Investition in die Entwicklung alternativer Antriebe, Textilunternehmen-Investitionen in verbesserte Arbeitsbedingungen in Schwellenländern). Mit der Angabe der CapEx in die ESG-Bereiche erhält der strategische Ausrichtungsgrad in Richtung ESG und Nachhaltigkeit einen monetären und bewertbaren Wert.

Vorteile	Nachteile
• Enge Anlehnung an Finanzkennzahlen • Monetärer und bewertbarer Wert	• Vergleichbarkeit nur im Industrievergleich und nach Definition einzubeziehender Elemente

Stakeholder-Relevanz					
Kapitalmarkt	Gesellschaft	NGO	Medien	Politik	Mitarbeiter
hoch	gering	mittel	mittel	hoch	gering

2.2 Direkt erwirtschafteter und verteilter wirtschaftlicher Wert

Formel | **Rechenbeispiel (T1)**

Direkt erwirtschafteter, verteilter und zurückbehaltener wirtschaftlicher Wert	
Umsatz	11.500 Mio. €
– verteilter wirtschaftlicher Wert: Betriebskosten, Löhne und sonstige betriebliche Leistungen, Zahlungen an Kapitalgeber (aus GuV)	– 6.897 Mio. €
– Zahlungen an die Regierung (alle Steuern)	– 3.450 Mio. €
– Investitionen in die Gemeinschaft (freiwillige Spenden / Investitionen)	– 3,0 Mio. €
= Zurückbehaltener wirtschaftlicher Wert	**= 1.150 Mio. €**

Erläuterung

Der »direkt erwirtschaftete und verteilte wirtschaftliche Wert (Economic Value Generated and Distributed, EVG&D)« verdeutlicht das gesellschaftliche Interesse daran, welchen Anteil das Unternehmen an das Gemeinwesen via Steuerzahlungen zurückfließen lässt bzw. in das lokale Umfeld reinvestiert (immer im Gesamtkontext der operativen Tätigkeit). Damit wird offengelegt, welche unternehmerischen Aktivitäten auch für die lokale Bevölkerung gleichermaßen nutzbringend sind (z. B. Sportstätten oder Betriebskindergärten, die auch Anwohnern offenstehen). Diese Werte müssen jedoch immer auch im Vergleich zu Branchenwerten oder Best-Practice-Unternehmen interpretiert werden, da nur so aussagekräftige Schlussfolgerungen abgeleitet werden können.

Vorteile	Nachteile
• In Anlehnung an GuV – erweiterte Aussagekraft zu einem Shared Value (inkl. gesellschaftlicher Wirkungen)	• Vergleichbarkeit setzt konkrete Abstimmung und Definition inkludierter Werte voraus

Stakeholder-Relevanz					
Kapitalmarkt	Gesellschaft	NGO	Medien	Politik	Mitarbeiter
hoch	hoch	mittel	mittel	hoch	gering

2.3 Art und Umfang erheblicher indirekter wirtschaftlicher Auswirkungen

Formel	Rechenbeispiel
Direkte Investitionen von Zulieferbetrieben in Werksnähe	1.500.000 €
+ Gründung und Bau einer Kindertagesstätte in Werksnähe	+ 150.000 €
+ Infrastrukturinvestitionen (Sportplatz etc.)	+ 120.000 €
= Monetäre indirekte wirtschaftliche Auswirkungen	**= 1.770.000 €**
+ Verringerung der Anzahl von auf Sozialhilfe angewiesenen Bürgern	nicht monetär
+ Zuzug junger Familien in der Gemeinde	nicht monetär

Erläuterung

Indirekte wirtschaftliche Auswirkungen sind wesentlicher Bestandteil des wirtschaftlichen Einflusses einer Organisation für eine nachhaltige Entwicklung. Im Gegensatz zu direkten wirtschaftlichen Auswirkungen, also den unmittelbaren Folgen des Geldflusses, gehören zu indirekten Auswirkungen alle Effekte, die durch den Geldumlauf in einer Volkswirtschaft als solches entstehen (z. B. Infrastrukturinvestitionen oder Effekte durch Verlagerung einer Betriebsstätte). Dies können auch nichtmonetäre Effekte sein. Insbesondere auf regionaler Ebene oder in Schwellen- und Entwicklungsländern sind indirekte positive Auswirkungen ein wichtiger Beitrag zu sozioökonomischem Wandel. Aus der Unternehmensperspektive unterstützen indirekte Effekte den Ausbau des bestehenden Marktzugangs oder die Rahmenbedingungen für operatives Handeln (z. B. die Verfügbarkeit qualifizierter Mitarbeiter im Umfeld von Hochschulen).

Vorteile	Nachteile
• Dokumentation eines vorsorglichen Ansatzes für gesellschaftliche Auswirkungen	• Indirekte Effekte sind schwer genau zu definieren • Zum Teil nicht monetär bezifferbare Aspekte

Stakeholder-Relevanz					
Kapitalmarkt	Gesellschaft	NGO	Medien	Politik	Mitarbeiter
gering	mittel	mittel	mittel	hoch	mittel

2.4 Finanzielle Klimawandelfolgen

Formel	Rechenbeispiel
Ausgaben für CO_2-Zertifikate	300.000 €
+ Gestiegene Ausgaben für Versicherungen	+ 15.000 €
+ Erhöhter Absatz von energieeffizienteren Produktvarianten	+ 200.000 €
= Finanzielle Klimawandelfolgen	**= 515.000 €**

Erläuterung

Gerade von institutionellen Anlegern werden Unternehmen zunehmend aufgefordert, in ihrer öffentlichen Berichterstattung Angaben zu finanziellen Folgen (Chancen und Risiken) des Klimawandels (z.T. in differenzierten Szenarien – siehe Empfehlungen der Task Force on Climate Related Disclosure) auseinanderzusetzen. Denn diese haben das Potenzial, »bedeutende Änderungen in der Geschäftstätigkeit, auch in Bezug auf Erträge und Kosten, nach sich zu ziehen.« Zu diesen Risiken gehören höhere Energiepreise, Auswirkungen stärker werdender Stürme, Veränderungen des Meeresspiegels, eine Veränderung der Umgebungstemperatur und die Verfügbarkeit von Wasser. Auch Finanzanalysten berücksichtigen dies in ihren Bewertungen.

Da die Regierungen verstärkt klimaschädliche Aktivitäten regulieren versuchen, sind insbesondere Unternehmen mit hohen Emissionen regulatorischen Risiken ausgesetzt – mit Folgen für deren Wettbewerbsfähigkeit. Grenzwerte für Treibhausgasemissionen (THG) bieten jedoch auch Chancen für Organisationen, da neue Technologien entwickelt werden und neue Märkte entstehen. Dies gilt insbesondere für Organisationen, die Energie oder Energieprodukte effizienter nutzen oder produzieren können.

Vorteile	Nachteile
• Indiz für die vorausschauende und strategische Berücksichtigung von Klimaeffekten	• Reine Listung von z. T. messbaren und z. T. zukünftig vermuteten Effekten • Uneinheitliche Behandlung verhindert Vergleichbarkeit

Stakeholder-Relevanz

Kapitalmarkt	Gesellschaft	NGO	Medien	Politik	Mitarbeiter
hoch	mittel	hoch	mittel	hoch	mittel

2.5 Amortisationszeit für Nachhaltigkeitsinvestitionen

Formel

$$\frac{\text{Investitionssumme in eine Nachhaltigkeitsinitiative}}{\text{Rückfluss pro Jahr}}$$

Rechenbeispiel (T1)

$$\frac{3 \text{ Mio. €}}{0{,}75 \text{ Mio. €}} = 4 \text{ Jahre}$$

Erläuterung

Die Amortisationszeit ist die Zeitspanne, nach deren Ablauf sich eine Investition durch entsprechende Rückflüsse amortisiert. Die Rückflüsse sind dabei die durch das Investitionsobjekt erzielten Kosteneinsparungen (ohne Abschreibungen). Aus der finanzwirtschaftlichen Perspektive werden Investitionen mit einer möglichst kurzen Amortisationszeit angestrebt.

Aus der Nachhaltigkeitsperspektive sind Amortisationszeiten deshalb bedeutsam, da diesbezügliche Investitionen häufig längere Rückflusszeiten benötigen. Und dies mit der Folge, dass auf Basis der Amortisationszeit unter Umständen auf die Investition eher verzichtet wird. Entscheidend ist daher, ob das Management für Investitionen in eine nachhaltige Produktion in Einzelfällen längere Kapitalrückflusszeiten akzeptiert.

Vorteile	Nachteile
• Indikator für Managementbereitschaft, längere Amortisationszeiten zu akzeptieren	• Projektabhängige Interpretation der Kennzahl erforderlich

Stakeholder-Relevanz					
Kapitalmarkt	Gesellschaft	NGO	Medien	Politik	Mitarbeiter
mittel	gering	mittel	gering	mittel	mittel

2.6 Prozentualer Anteil neuer oder modifizierter Produkte

Formel

$$\frac{\text{Anzahl neuer oder modifizierter Produkte in den letzten 12 Monaten}}{\text{Gesamtzahl aller Produkte}} \times 100\,\%$$

Rechenbeispiel (T1)

$$\frac{20}{100} \times 100\,\% = 20\%$$

Erläuterung

Von Organisationen wird Eigeninitiative bei Verbesserung der ökologischen Auswirkungen ihrer Produkte erwartet. In der unternehmensinternen Logik bedeutet dies, mit Hilfe von Produktinnovationen fit für die Zukunft zu sein und neue Geschäftspotenziale aufzubauen bzw. zu erschließen. Hieran hat insbesondere auch der Kapitalmarkt ein Interesse, der die in die Zukunft gerichtete Leistungsfähigkeit (auch in nachhaltigkeitsbedingten Transformationsprozessen) beurteilen möchte. Inwieweit dies tatsächlich passiert, darauf deutet der prozentuale Anteil neuer oder modifizierter Produkte in den letzten 12 Monaten hin.

Die Berechnung dieser Kennzahl stellt allerdings komplexe und große Unternehmen vor enorme Herausforderungen, da die Definition der Begriffe »neu oder modifiziertes Produkte« vage ist. So bleibt zum Beispiel fraglich, ob bei einem Maschinenbauer erst eine neue Maschine oder jedes modifiziertes Bauteil, das für diese entwickelt wird, ein »modifiziertes Produkt« ist. Derartige Erfassungsschwierigkeiten schränken die Praktikabilität des Indikators enorm ein – auch wenn seine Intention gut und nachvollziehbar ist.

Vorteile	Nachteile
• Indikator für die Innovationskraft eines Unternehmens – dadurch mehr Nachhaltigkeit	• Definition »neues oder modifiziertes Produkt« nicht eindeutig • »neu/modifiziert« muss nicht unbedingt »nachhaltig« bedeuten

Stakeholder-Relevanz					
Kapitalmarkt	Gesellschaft	NGO	Medien	Politik	Mitarbeiter
hoch	mittel	hoch	mittel	hoch	mittel

2.7 Anteil neuer Produkte des Konzernumsatzes

Formel

$$\frac{\text{Umsatzanteil mit Produkten jünger 3 Jahre}}{\text{Gesamtumsatz (aller Produkte)}} \times 100\,\%$$

Rechenbeispiel (T1)

$$\frac{4.600 \text{ Mio. €}}{11.500 \text{ Mio. €}} \times 100\,\% = 40\,\%$$

Erläuterung

Der prozentuale Anteil des Konzernumsatzes mit Produkten oder Dienstleistungen, die jünger als drei Jahre sind, ist ein Indikator für die Eigeninitiative der berichtenden Organisation zur Verbesserung der ökologischen Produktfolgen. Dabei wird davon ausgegangen, dass jüngere Produkte in der Regel eine bessere Ökobilanz haben als ältere.

Die Berechnung dieser Kennzahl stellt allerdings komplexe und große Unternehmen vor enorme Herausforderungen, da die Definition der Begriffe »Produkte jünger als drei Jahre« sehr vage ist. Derartige Erfassungsschwierigkeiten schränken die Praktikabilität des Indikators enorm ein – auch wenn seine Intention nachvollziehbar ist.

Vorteile	Nachteile
• Indikator für die Innovationskraft eines Unternehmens	• Definition »junge Produkte« nicht eindeutig • »neu/jung« muss nicht unbedingt »nachhaltig« bedeuten

Stakeholder-Relevanz					
Kapitalmarkt	Gesellschaft	NGO	Medien	Politik	Mitarbeiter
mittel	gering	mittel	gering	mittel	mittel

2.8 Anteil der Markenausgaben am Umsatz

Formel

$$\frac{\text{Markenausgaben}}{\text{Umsatz}} \times 100\,\%$$

Rechenbeispiel (T1)

$$\frac{250 \text{ Mio. €}}{11.500 \text{ Mio. €}} \times 100\,\% = 2{,}17\,\%$$

Erläuterung

Marken unterstützen Kunden dabei, sich bei der Produktsuche oder -auswahl zu orientieren und stiften zudem einen zusätzlichen ideellen Nutzen. Das hinter der Marke stehende Unternehmen gewährt seinerseits ein ergänzendes Versprechen in Bezug auf Produkteigenschaften oder Qualität. Daneben spielen zunehmend auch Nachhaltigkeitsaspekte eine wichtige Rolle für eine positive Markenwahrnehmung. Sie können zum Teil sogar als kaufentscheidend (und damit markenprägend) wirken. Insofern ist Nachhaltigkeit bei vielen Marken unverzichtbarer Bestandteil der Markenbeschreibung (des Markenkerns). Vor diesem Bedeutungshintergrund der Marke unterstellt die Kennzahl das große Interesse des Unternehmens daran, die Marke mit positiven Attributen durch entsprechende Ausgaben aufzuladen. Als Kostenelemente sollten hierfür unter anderem alle Ausgaben zum Markenmanagement, weltweite Marketingausgaben sowie die Ausgaben für die Markenkommunikation herangezogen werden.

Vorteile	Nachteile
• Hohe Relevanz vor allem für Unternehmen mit bekannten Marken	• Uneinheitliche Zusammensetzung der Markenausgaben • Aus Nachhaltigkeitssicht: qualitative Konkretisierung der Kennzahl notwendig

Stakeholder-Relevanz					
Kapitalmarkt	Gesellschaft	NGO	Medien	Politik	Mitarbeiter
hoch	gering	gering	gering	mittel	mittel

2.9 Anteil der auf Nachhaltigkeit geprüften Finanzanlagen

Formel

$$\frac{\text{Wert der Finanzanlagen mit Nachhaltigkeitsprüfung}}{\text{Wert der gesamten Finanzanlagen}} \times 100\,\%$$

Rechenbeispiel (T1)

$$\frac{7\text{ Mio. €}}{20\text{ Mio. €}} \times 100\,\% = 35\,\%$$

Erläuterung

Unternehmen verfügen über eine Reihe von Finanzanlagen, also Geldanlagen außerhalb des eigenen Unternehmens, die durch regelmäßig Kapitalrenditen zum Betriebsergebnis beitragen sollen. Hierzu gehören u. a. Anteile an verbundenen Unternehmen, Beteiligungen, dauerhaft angelegte Wertpapiere, Darlehen an eigene Mitarbeiter und vieles mehr.

Die ESG-Kennzahl des Anteils, der auf Umwelt und gesellschaftliche Aspekten geprüften Finanzanlagen, zeigt an, inwieweit das Unternehmen auch hierbei Verantwortung übernimmt, indem es auf ethisch bedenkliche Investitionen verzichtet bzw. nachhaltig positiv wirkende fördert (»socially responsible Investments«).

Vorteile	Nachteile
• Wichtige Kennzahl für Kapitalmarktakteure • Indikator, dass das Unternehmen ggf. auch auf höhere ökonomische Renditen zu Gunsten von Nachhaltigkeit verzichtet	• Definition von socially responsible investments ist nicht immer objektiv und daher eine subjektive Bewertung. • Nicht geprüfte Finanzanlagen müssen nicht zwangsläufig auch unethisch sein

Stakeholder-Relevanz					
Kapitalmarkt	Gesellschaft	NGO	Medien	Politik	Mitarbeiter
hoch	mittel	mittel	mittel	mittel	mittel

2.10 Finanzielle Unterstützung von Seiten der Regierung

Formel	**Rechenbeispiel (T1)**
Steuererleichterungen und -gutschriften	100.000 €
+ Subventionen	+ 250.000 €
+ Investitionszuschüsse, Forschungs- und Entwicklungszuschüsse	+ 120.000 €
+ Gebührenbefreiungen	+ 50.000 €
+ finanzielle Unterstützung von Exportkreditagenturen (Export Credit Agencies, ECAs)	+ 110.000 €
= Finanzielle Zuwendungen der öffentlichen Hand	**= 630.000 €**

Erläuterung

Es ist eine Frage der Transparenz, den monetären Gesamtwert der finanziellen Unterstützung, die die Organisation während des Berichtszeitraums von Regierungen erhalten hat, zu benennen und offenzulegen. Erhält eine Organisation gegenüber den von ihr gezahlten Steuern erhebliche finanzielle Zuwendungen von öffentlichen Stellen (z. B. Subventionen zur Förderung neuer umweltschonender Technologien), ist dies Ausdruck politischen Willens, aber auch des Abhängigkeitsgrad des Unternehmens von staatlichen Geldern. Durch proaktive Kommunikation kann das Unternehmen vermitteln, dass öffentliche Gelder langfristig auch dem Gemeinwohl dienen und im Sinne des Steuerzahlers verwendet werden. Einzelne Standards empfehlen darüber hinaus, bei steuerlichen Bedenken externe Stakeholder explizit in Managemententscheidungen mit einzubeziehen.

Vorteile	**Nachteile**
• Enge Anlehnung an Finanzkennzahlen	• Bewertung ist Landes- und industriespezifisch
• Monetärer und bewertbarer Wert	• Werte werden von Unternehmen nur zurückhaltend veröffentlicht

Stakeholder-Relevanz					
Kapitalmarkt	Gesellschaft	NGO	Medien	Politik	Mitarbeiter
hoch	mittel	hoch	hoch	hoch	mittel

2.11 Anteil der nach ISO 9000 zertifizierten Produktionsstätten

Formel

$$\frac{\text{Anzahl nach ISO 9000 zertifizierter Produktionsstätten}}{\text{Gesamtanzahl der Produktionsstätten}} \times 100\,\%$$

Rechenbeispiel (T1)

$$\frac{15}{30} \times 100\,\% = 50\,\%$$

Erläuterung

Die prozessorientierte Normenreihe EN ISO 9000 dokumentiert Grundsätze des Qualitätsmanagements und dessen Systeme entlang des gesamten Wertschöpfungsprozesses – von der Entwicklung über Produktion und Montage bis zum Vertrieb und Kundendienst. Zertifiziert werden können Unternehmen, Dienstleister, Verwaltungen etc. Der Anteil nach ISO 9000 zertifizierter Produktionsstätten dokumentiert für den Außenbetrachter die Ernsthaftigkeit des unternehmerischen Qualitätsmanagements.

Die wichtige Verbindung von Qualitätsmanagement und Corporate Responsibility besteht darin, dass zahlreiche ESG-Elemente bereits in den Qualitätsanforderungen formuliert werden können (z. B. Arbeitsbedingungen, Gesundheitsschutz) und Unternehmen sich die Einhaltung dieser Anforderungen zertifizieren lassen können. Dies wiederum erhöht die Glaubwürdigkeit des ESG-Engagements. Diese Kennzahl kann analog auch mit Bezug auf die Zertifizierung nach ISO 14001 (Umweltmanagement) oder anderen Standards verwendet werden.

Vorteile	Nachteile
• Indikator mit Bezug auf weltweit anerkannte Zertifizierungssysteme • Ggf. enge Verknüpfung von Qualität und Nachhaltigkeit • Nachgefragter Indikator u. a. auch in Finanzmarktratings	• Hoher Zertifizierungsaufwand (Zeit und Geld)

Stakeholder-Relevanz					
Kapitalmarkt	Gesellschaft	NGO	Medien	Politik	Mitarbeiter
mittel	mittel	hoch	gering	mittel	gering

2.12 Verhältnis Standardeintrittsgehalt – lokaler Mindestlohn nach Geschlecht

Formel

$$\frac{\text{Standardeintrittsgehalt Männer / Monat}}{\text{Lokaler Mindestlohn / Monat}} \times 100\,\%$$

Rechenbeispiel (T1)

$$\frac{2.100\ €}{1.360\ €} \times 100\,\% = 154\,\%$$

Erläuterung

Die Spanne des Verhältnisses der Standardeintrittsgehälter nach Geschlecht zum lokalen Mindestlohn dient laut GRI der Aussage darüber, »wie eine Organisation zur wirtschaftlichen Absicherung ihrer Mitarbeiter an den Hauptgeschäftsstandorten beiträgt«. Die Kennzahl belegt zudem die Wettbewerbsfähigkeit der Gehälter sowie die Verantwortung für die Mitarbeiter (und damit indirekt für die lokale Wirtschaft).

Faire und über dem Minimum liegende (mindestens gesetzliche) Gehälter wirken positiv auf die Mitarbeiterloyalität – belasten jedoch die Kostenposition. Dieser Indikator ist vor allem relevant für Organisationen mit hohem Produktionsanteil in Niedriglohnländern, in denen die Verletzung von Mindestlöhnen (Living Wages), Arbeitsbedingungen oder gar Ausbeutung möglich ist. Vor dem Hintergrund der weltweit zunehmender Kluft zwischen Arm und Reich in vielen Gesellschaften (verbunden u. a. mit Flüchtlingsströmen etc.) hat dieser Indikator deutlich an Brisanz und Bedeutung gewonnen. Gerade in Hinblick auf globale Lieferketten, sind Living Wages auch ins Zentrum der nachhaltigen Entwicklungsziele (SDGs) der Vereinten Nationen gerückt.

Vorteile	Nachteile
• Politisch bedeutsam in Kontext nachhaltigen Entwicklungsziele (SDGs) im Rahmende der UN-Agenda 2030	• Begrenzte Aussagekraft bei Steuerung von Auslandsgesellschaften durch Expatriats und Unternehmen mit Tarifbindung

Stakeholder-Relevanz					
Kapitalmarkt	Gesellschaft	NGO	Medien	Politik	Mitarbeiter
mittel	hoch	hoch	mittel	hoch	hoch

2.13 Verhältnis CEO-Mitarbeiter-Jahresvergütung

Formel

$$\frac{\text{CEO-Vergütung}}{\text{Durchschnittliche Mitarbeitervergütung}}$$

Rechenbeispiel (T1)

$$\frac{4.000.000\ €}{55.000\ €} = 73$$

Erläuterung

Die Debatte um die Höhe der Vorstandsbezüge ist kontrovers. Auch gesetzliche Eingriffe sind hierbei nicht mehr ausgeschlossen. Unternehmen ihrerseits führen den Wettbewerb um die besten Manager als Argument ins Feld, die nur mit entsprechenden Vergütungen für das Unternehmen gewonnen werden können. Kritiker der hohen Managementgehälter bezweifeln und kritisieren häufig deren Unverhältnismäßigkeit im Vergleich zur durchschnittlichen Vergütung der Mitarbeiter.

Als Messzahl wird hierbei ein Multiple der durchschnittlichen Mitarbeitervergütung (Median) zur CEO-Vergütung herangezogen. Uneinheitlich ist dabei die Frage, was als »angemessenes« Vielfaches für die Vergütung des Vorstandsvorsitzenden oder Geschäftsführers angesehen wird, sodass hierfür Werte zwischen 20 und 200 genannt werden – je nach Perspektive.

Vorteile	Nachteile
• Anschaulicher Indikator • Einfache Berechnung • CEO-Vergütung bei AG wird in Finanzberichterstattung veröffentlicht	• Hohe Emotionalität in der gesellschaftlichen Diskussion • Absolute Bewertung schwer – ethische Komponente nicht quantifizierbar

Stakeholder-Relevanz					
Kapitalmarkt	Gesellschaft	NGO	Medien	Politik	Mitarbeiter
mittel	hoch	hoch	hoch	hoch	hoch

2.14 Jahresvergütung – Höchstbezahlter zu Durchschnittsniveau nach Land

Formel

$$\frac{\text{Jahresvergütung Höchstbezahlter Land A}}{\text{Durchschnittliche Mitarbeitervergütung Land A (Median)}}$$

Rechenbeispiel (T1)

$$\frac{1.000.000\ €}{55.000\ €} = 18$$

Erläuterung

Um Transparenz und Nachvollziehbarkeit zu Corporate Governance zu erhöhen, interessieren sich zahlreiche Stakeholder für die Jahresvergütung des höchstbezahlten Mitarbeiters in einem Land im Verhältnis zum mittleren Niveau der Jahresvergütung aller Beschäftigten (ohne den höchstbezahlten Mitarbeiter). Damit wird die Transparenzanforderung über den CEO hinaus erweitert, wobei der Fokus auf dem Topmanagement in Ländern mit signifikanten geschäftlichen Aktivitäten liegt. Die jährliche Gesamtvergütung des Höchstbezahlten umfasst dabei Gehalt, Boni, Aktienzuteilungen, Optionen sowie weitere Vergütungen. Die Interpretation des hier errechneten Vielfachen erfolgt, wie beim CEO, vor dem Hintergrund der Angemessenheit und ethischen Überlegungen.

Die Kennzahl ist auch im Kontext der Bemühungen von international operierenden Unternehmen zu sehen, die versuchen, vor Ort ein lokales Management einzusetzen – dafür spricht die Kenntnis der lokalen Kultur oder der Sprache. In der Regel ist dies einher mit geringeren Kosten im Vergleich zu Expatriates aus den Herkunftsländern des Unternehmens.

Vorteile	Nachteile
• Einblick in die Vergütungspolitik des Unternehmens • Indiz für den Einsatz eines lokalen Topmanagements	• Verzerrung der Angabe, sofern der Höchstbezahlte ein Expatriate (mit entsprechenden Zulagen) • Potenzielle Befeuerung einer Neiddebatte

Stakeholder-Relevanz					
Kapitalmarkt	Gesellschaft	NGO	Medien	Politik	Mitarbeiter
mittel	mittel	hoch	mittel	mittel	hoch

2.15 Jahresvergütung – Steigerung bei Höchstbezahltem zu Durchschnittsniveau

Formel

$$\frac{\text{Steigerung der Jahresvergütung Höchstbezahlter Land x}}{\text{Steigerung durchschnittliche Mitarbeitervergütung Land x (Median)}}$$

Rechenbeispiel (T1)

$$\frac{10\,\%}{5\,\%} = 2$$

Erläuterung

Eine Dokumentation der Steigerung der Jahresvergütung des höchstbezahlten Mitarbeiters in einem Land im Verhältnis zur Steigerung des mittleren Niveaus der Jahresvergütung aller Beschäftigten dient dazu, Transparenz und Nachvollziehbarkeit im Kontext der Corporate Governance herzustellen. Dabei liegt der Fokus der Global Reporting Initiative auf dem Topmanagement in Ländern mit signifikanten geschäftlichen Aktivitäten. Die jährliche Gesamtvergütung des Höchstbezahlten in einem Land umfasst dabei Gehalt, Boni, Aktienzuteilungen, Optionen sowie weitere Vergütungen.

Die Interpretation der verglichenen Steigerungsrate erfolgt vor dem Hintergrund der Angemessenheit und ethischen Überlegungen. Als unethisch wird eine unverhältnismäßig höhere Steigerung des Höchstbezahlten im Vergleich zum durchschnittlichen Mitarbeiter angesehen.

Vorteile	Nachteile
• Gradmesser für vergleichbare Anpassung entsprechend dem Geschäftsverlauf bei Management und Mitarbeitern • Einblick in die Vergütungspolitik des Unternehmens	• Verzerrung der Angabe, sofern der Höchstbezahlte ein Expatriate (mit entsprechenden Zulagen) • Potenzielle Befeuerung einer Neiddebatte

Stakeholder-Relevanz					
Kapitalmarkt	Gesellschaft	NGO	Medien	Politik	Mitarbeiter
mittel	mittel	hoch	mittel	mittel	hoch

2.16 Mitarbeiteranteil am Unternehmenskapital

Formel

$$\frac{\text{Eigenkapital in Besitz der Mitarbeiter}}{\text{Eigenkapital des Unternehmens}} \times 100\,\%$$

Rechenbeispiel (T1)

$$\frac{500 \text{ Mio. €}}{30.000 \text{ Mio. €}} \times 100\,\% = 1{,}7\,\%$$

Erläuterung

Unternehmen verfügen über eine Reihe von Möglichkeiten, ihre Mitarbeiter am Unternehmenskapital zu beteiligen – Mitarbeiteraktien, Genussrechte, Investivlöhne etc. Mit der Kennzahl des Mitarbeiteranteils am Unternehmenskapital wird deutlich, wie viel dieser Anteil am Gesamteigenkapital ausmacht.

Der Anreiz für den Mitarbeiter liegt darin, von möglichen Gewinnen des Unternehmens zu profitieren und an Einfluss zu gewinnen über das normalerweise damit verbundene Stimmrecht. Aus der Unternehmensperspektive spricht dafür, Mitarbeiter hierdurch zu Mitunternehmern zu machen und so Identifikation, Bindung und letztlich Motivation zu steigern, was wiederum den wirtschaftlichen Erfolg erhöht. Zudem spart dies dem Unternehmen Personalkosten und verbreitert die Eigenkapitalbasis.

Vorteile	Nachteile
• Positive Korrelation von Eigentum am Unternehmen und Arbeitsmotivation	• Setzt Bereitschaft voraus, sowohl Chancen als auch Risiken zu tragen. • Aussagekraft in Unternehmen mit hohem Anteil an institutionellen Investoren begrenzt (Mitarbeiteranteil gering)

Stakeholder-Relevanz					
Kapitalmarkt	Gesellschaft	NGO	Medien	Politik	Mitarbeiter
mittel	gering	gering	gering	mittel	hoch

2.17 Anteil an Ausgaben an lokale Lieferanten

Formel

$$\frac{\text{Lokales Einkaufsbudget des Landes A}}{\text{Gesamteinkaufsbudget des Landes A}} \times 100\,\%$$

Rechenbeispiel (T1)

$$\frac{525 \text{ Mio. €}}{750 \text{ Mio. €}} \times 100\,\% = 70\,\%$$

Erläuterung

Der Anteil an Ausgaben für lokale Lieferanten an Hauptgeschäftsstandorten dokumentiert den Einfluss einer Organisation auf die lokale Wirtschaft – über direkte Arbeitsplätze und die Zahlung von Löhnen und Gehältern sowie Steuern hinaus. Indem lokale Zulieferer unterstützt werden, entstehen zusätzliche Investitionen in die lokale Wirtschaft.

Neben Reputationseffekten hat dies eine strategische Bedeutung. Viele Staaten verlangen, dem Beispiel China folgend, einen hohen »lokalen Produktionsanteil« als Vorbedingung für das abgaben- bzw. steuerfreie Agieren auf den lokalen Märkten. Damit gewinnt die Kennzahl strategische Aussagekraft. Besonders attraktiv für Staaten ist dabei die lokale Verortung von langfristig zukunftsgerichteten Funktionen – insbesondere die Forschung und Entwicklung.

Auch für die Mitarbeiter (bzw. deren Vertretung) und die Politik ist dieser Indikator von hohem Interesse. Denn er verdeutlicht den Grad der ausgelagerten Aktivität und in welchem Ausmaß ein Unternehmen neben dem Effekt durch Jobs und Gewerbesteuer auch die Wirtschaft an seinen Standorten beeinflusst.

Vorteile	Nachteile
• Wenn für alle Länder dargestellt: Guter Indikator für die globale strategische Aufstellung des Unternehmens	• Dokumentation eines »Standortwettbewerbs« • Ggf. ungewünschte Dokumentation regionaler Verschiebungen

Stakeholder-Relevanz					
Kapitalmarkt	Gesellschaft	NGO	Medien	Politik	Mitarbeiter
mittel	hoch	mittel	mittel	hoch	hoch

2.18 Innovationskapazität

Formel

$$\frac{\text{FuE-Ausgaben}}{\text{Einkünfte}} \times 100\,\%$$

Rechenbeispiel (T1)

$$\frac{236{,}9 \text{ Mio. €}}{1.000 \text{ Mio. €}} \times 100\,\% = 23{,}69\,\%$$

Erläuterung

Die Innovationskapazität zeigt den Anteil der Forschungs- und Entwicklungskosten mit Bezug auf die Einkünfte und wird im Kontext des Finanzmanagements erhoben. Hierbei wird unterstellt, dass hohe Forschungs- und Entwicklungskosten zukünftige Einkünfte zur Folge haben. Aus Nachhaltigkeitssicht wird ferner angenommen, dass die verwendeten F+E-Mittel in der Regel positive Effekte auf die Umwelt bzw. die Gesellschaft haben. Inwieweit dies der Fall ist, sollte durch weitergehende qualitative und quantitative Angaben in der Berichterstattung erläutert werden.

Vorteile	Nachteile
• Basisdaten sind aus bestehender Finanzberichterstattung zu entnehmen	• Kein spezifischer Nachhaltigkeitsindikator • Großer Interpretationsspielraum • Nachhaltigkeitswirkung ungewiss

Stakeholder-Relevanz					
Kapitalmarkt	Gesellschaft	NGO	Medien	Politik	Mitarbeiter
hoch	mittel	gering	gering	mittel	mittel

2.19 Status der Pensionsfonds

Formel

$$\frac{\text{Ungedeckte Verbindlichkeiten für Pensionsfonds}}{\text{Marktkapitalisierung}} \times 100\,\%$$

Rechenbeispiel (T1)

$$\frac{250 \text{ Mio. €}}{4.000 \text{ Mio. €}} \times 100\,\% = 6{,}25\,\%$$

Erläuterung

Zahlreiche Aktiengesellschaften haben hohe dreistellige Milliardenverpflichtungen gegenüber ihren Arbeitnehmern, wobei hiervon im Schnitt nur etwa Zwei-Drittel durch das Kapital in den Pensionskassen gedeckt ist – der Rest ist aus freiem Kapital zu zahlen. Aus der »ökonomischen Nachhaltigkeitsperspektive« wird es daher kritisch, wenn ein großer Teil des operativen Cash Flows für Rentenzahlungen aufgewendet werden muss. Aus Anlegersicht gleichen die Pensionsverbindlichkeiten den Finanzschulden, die bei Fälligkeit den Aktienkurs deutlich belasten. Werden die ungedeckten Verbindlichkeiten ins Verhältnis zur Marktkapitalisierung gesetzt und machen hiervon einen großen Anteil aus (z. T. sogar bis zur Hälfte), ist damit ein deutliches Anlagerisiko verbunden. Und auch aus der Mitarbeiterperspektive ist ein Blick auf die Deckung und langfristige Absicherung der betrieblichen Altersvorsorge ein wichtiger Indikator für die verantwortliche Rolle des Unternehmens.

Vorteile	Nachteile
• Hohe Relevanz für ökonomische wie ESG-Stakeholder • Verwendung bekannter Messgrößen	• Ungedeckte Pensionrückstellungen werden nicht immer transparent gemacht

Stakeholder-Relevanz					
Kapitalmarkt	Gesellschaft	NGO	Medien	Politik	Mitarbeiter
hoch	gering	gering	gering	mittel	hoch

2.20 Eigentümerstruktur nach Anteilen

Formel	**Rechenbeispiel**
Unternehmensgründer	20 %
+ institutionelle Investoren	+ 50 %
+ staatlicher strategischer Investor Land K	+ 20 %
+ Streubesitz	+ 8,3 %
+ Mitarbeiter	+ 1,7 %
= Summe	**= 100 %**

Erläuterung

Die Eigentümerstruktur eines Unternehmens ist für eine Vielzahl von Stakeholdern interessant. Finanzwirtschaftlich lassen sich hieraus Interpretationen über die Langfristigkeit der Strategie oder Rückendeckung durch die Eigenkapitalgeber ableiten. Generell wird davon ausgegangen, dass börsennotierte Unternehmen kurzfristiger orientiert sind und auf dieser Basis ihre Finanzierungs- und Investitionsentscheidungen treffen. Familienunternehmen wird dagegen ein längerfristiger Planungs-, Entscheidungs- und Finanzierungshorizont unterstellt.

Entsprechende Überlegungen werden auch aus der Nachhaltigkeitsperspektive angestellt. Insbesondere hier gilt, dass Veränderungen mit Nachhaltigkeitshintergrund (z. B. Erneuerung von Kraftwerken zur Stromerzeugung) nur über einen längeren Zeitraum zu realisieren sind bzw. längere Kapitalrückflusszeiten erfordern (z. B. für Solar- oder Fotovoltaikanlagen). Die Eigentümerstruktur kann ein Indikator dafür sein, ob derartige Initiativen des Managements unterstützt werden oder nicht.

Vorteile	**Nachteile**
• Bestandteil der Finanzberichterstattung	• Hohe Interpretationsspielräume in Bezug auf Nachhaltigkeitsfragen

Stakeholder-Relevanz					
Kapitalmarkt	Gesellschaft	NGO	Medien	Politik	Mitarbeiter
hoch	gering	mittel	gering	mittel	hoch

2.21 Kundenzufriedenheit

Formel

$$\frac{\text{Anzahl der befragten zufriedenen Kunden}}{\text{Gesamtzahl befragter Kunden}} \times 100\,\%$$

Rechenbeispiel (T1)

$$\frac{3.224}{3.800} \times 100\,\% = 84{,}84\,\%$$

Erläuterung

Die Kundenzufriedenheit spiegelt die Bedeutung wider, die eine Organisation den Bedürfnissen und Präferenzen ihrer Kunden beimisst. Sie ist aus der Sicht der Organisation unerlässlich für langfristigen wirtschaftlichen Erfolg. Ein hoher Anteil zufriedener Kunden an der Gesamtheit der befragten Kunden deutet darauf hin.

Im Nachhaltigkeitskontext informiert Kundenzufriedenheit darüber, wie die Organisation ihre Beziehung zu einer Stakeholdergruppe (Kunden) berücksichtigt bzw. inwieweit ESG-Faktoren für die Kundenzufriedenheit eine Rolle spielen. Sie kann auch zusammen mit anderen Nachhaltigkeitsmessungen angewandt werden.

Vorteile	Nachteile
• Zentraler Indikator für ökonomische Nachhaltigkeit	• Legitimität und Aussagekraft eigener Kundenbefragungen zweifelhaft

Stakeholder-Relevanz					
Kapitalmarkt	Gesellschaft	NGO	Medien	Politik	Mitarbeiter
hoch	gering	gering	gering	gering	mittel

2.22 Mitwirkung an nationalen und internationalen Initiativen

Formel

- Nationale Nachhaltigkeitsprogramme
- Initiativen von multinationalen Institutionen
- Angewendete Standards
  - Themenstandards
  - Berichtsstandards

Rechenbeispiel

- Global Compact der Vereinten Nationen
- Standards
  - ISO 26000, 9000, 14000
  - Global Reporting Initiative (GRI)

Erläuterung

Es ist eine Standardangabe nach Maßgabe der GRI, alle wirtschaftliche, ökologische und gesellschaftliche Initiativen zu benennen, die von der Organisation unterstützt werden. Intern dienen diese Initiativen als eine hilfreiche Orientierung für die Umsetzung von nationalen und internationalen Nachhaltigkeits-Anforderungen.

Als besonders relevant sind im ESG-Kontext u. a. zu nennen der Global Compact der UN (eine strategische Policy-Initiative zu Arbeitsbeziehungen, Menschenrechten, Umweltschutz und dem Kampf gegen Korruption), ISO 26000 (ein Orientierungsstandard vornehmlich für kleine und mittlere Unternehmen zur Social Responsibility) oder die Berichtsleitlinien der GRI.

Vorteile	Nachteile
• Öffentliches und überprüfbares Bekenntnis, ESG-Anforderungen umzusetzen • Initiativen sind hilfreiche Referenzrahmen für interne Umsetzungsinitiativen	• Rein qualitative Beschreibung

Stakeholder-Relevanz					
Kapitalmarkt	Gesellschaft	NGO	Medien	Politik	Mitarbeiter
mittel	mittel	hoch	mittel	hoch	mittel

2.23 Anteile extern testierter ESG-Berichtsteile

Formel

$$\frac{\text{Wesentliche Berichtsteile, die extern testiert wurden}}{\text{Alle Berichtsteile, die als wesentlich erachtet werden}} \times 100\,\%$$

Rechenbeispiel (T1)

$$\frac{4}{20} \times 100\,\% = 20\,\%$$

Erläuterung

Derzeit gibt es viele Möglichkeiten, ganze Berichte oder einzelne Berichtsteile durch eine externe und unabhängige Instanz zu überprüfen bzw. zu testieren – über unabhängige Wirtschaftsprüfer, Vertreter der Zivilgesellschaft oder qualifizierte Einzelpersonen. Dabei beziehen sich die Prüfungsinhalte auf veröffentlichte Berichtsinhalte selber sowie auf dahinterstehende Systeme oder Prozesse (z. B. Bestimmung materieller Themen unter Einbindung von Stakeholdern). Ebenso wird das berichtete Qualitäts- bzw. Leistungsniveau des Unternehmens anhand eines vorgegebenen Prüfungsstandards validiert.

Besondere Bedeutung erhält der Anteil der extern testierten ESG-Berichterstattung durch die von der EU beschlossene Berichterstattungspflicht für nichtfinanzielle Faktoren im Rahmen der Lageberichterstattung. Das heißt, einige ESG-Berichtselemente müssen extern testiert werden, um dieser Transparenzpflicht seitens der Politik gerecht zu werden.

Vorteile	Nachteile
• Erhöhte Glaubwürdigkeit der Berichterstattung durch externe Prüfung des Berichts	• Unternehmenseigene Definition von »wesentlichen« Berichtsteilen • Ein ganz oder in Teilen testierter Bericht kann, muss jedoch kein besserer Bericht sein

Stakeholder-Relevanz					
Kapitalmarkt	Gesellschaft	NGO	Medien	Politik	Mitarbeiter
hoch	gering	hoch	mittel	hoch	hoch

Kapitel 3

Umwelt-SRI-Kennzahlen

3.1 Direkte Treibhausgasemissionen – Scope 1 des GHG Protocol

Formel — **Rechenbeispiel (T3)**

	GWP-Faktor	Beispiel (in 1.000 t CO_2-Äquivalente)
CO_2 (Kohlenstoffdioxid)	1	1.400
+ N_2O (Distickstoffmonoxid)	310	+ 600
+ CH_4 (Methan)	21	+ 24
+ HFC (Fluorkohlenwasserstoffe)	140	+ 0
+ SF_6 (Schwefelhexafluorid)	23.900	+ 0
= Summe Scope 1		**= 2.024**

Erläuterung

Direkte Treibhausemissionen, entsprechend Scope 1 des Greenhouse Gas (GHG) Protocol (in Abgrenzung zu Scope 2 als indirekte Emissionen, siehe 3.2)[9], umfassen alle CO_2-Emissionen (oder deren Äquivalente), die direkt von einem Unternehmen verursacht werden. Hierzu zählen z. B. die Emissionen der eigenen Fabriken, von unternehmenseigenen Anlagen für Stromerzeugung, eigene LKW oder der Gasverbrauch eigener Büros und Lager. Gemessen wird der Verbrauch von Primärenergieträgern, die das Unternehmen mit Sekundärenergie, wie Elektrizität, Wärme und Kühlung versorgen. Das frühzeitige Ersetzen fossiler Brennstoffe durch erneuerbare Energieträger verringert auch die Abhängigkeit von nicht erneuerbaren Energiequellen und Schwankungen der Energiepreise und -versorgung. Dies wiederum beeinflusst die Betriebskosten.

Vorteile	Nachteile
• Anerkanntes Erhebungsverfahren • Bedeutender anerkannter Indikator und Grundlage für Kompensation • Verwendung in Berichtsstandards	• Großer Erhebungsaufwand • Umrechnung aller Emissionen in CO_2-Äquivalente erforderlich

[9] Vgl. grundlegend World Business Council for Sustainable Development/World Resources Institute (2021)

Stakeholder-Relevanz					
Kapitalmarkt	Gesellschaft	NGO	Medien	Politik	Mitarbeiter
hoch	gering	hoch	mittel	mittel	mittel

3.2 Indirekte Treibhausgasemissionen – Scope 2 des GHG Protocol

Formel **Rechenbeispiel (T3)**

	GWP-Faktor	Beispiel (in 1.000 t CO_2-Äquivalente)
CO_2 (Kohlenstoffdioxid)	1	520
+ Übertrag: Summe Scope 1		+ 2.024
= Summe Scope 1 + Scope 2		**= 2.544**

Erläuterung

Die indirekten Treibhausemissionen, entsprechend Scope 2 des GHG Protocol[10] in CO_2 (oder deren Äquivalente), umfassen all diejenigen, die durch Bereitstellung von Kraftstoffen, Strom-, Fern und Prozesswärme und -kälte entstehen (in Abgrenzung zu den direkten in Scope 1). Zu Scope 2 gehören demnach alle Upstream-CO_2-Emissionen, die bei Lieferanten zur Erzeugung von Energie entstehen, die für die Produktion zugekauft werden (z. B. zugekaufter Strom oder Fernwärme für Produktionsanlagen). Diese indirekten Emissionen entstehen, indem Primärenergie in andere Energieformen umgewandelt wird. Für die meisten Organisationen dürfte Elektrizität die wesentlichste Sekundärenergie sein. Für einen kleinen Anteil der Organisationen können auch Dampf aus einer Fernwärmeanlage oder veredelte Brennstoffe wie z. B. synthetische Kraftstoffe und Biokraftstoffe usw. relevant sein. Dieser Indikator misst die Energie, die außerhalb der Berichtsgrenzen der Organisation benötigt wird, um eingekaufte Elektrizität und andere Sekundärenergieprodukte zu erzeugen.

Vorteile	Nachteile
• Anerkanntes Erhebungsverfahren • Bedeutende anerkannte Kennzahl und Grundlage für Kompensation • Verwendung in Berichtsstandards	• Großer Erhebungsaufwand

[10] Vgl. grundlegend World Business Council for Sustainable Development/World Resources Institute (2021)

Stakeholder-Relevanz					
Kapitalmarkt	Gesellschaft	NGO	Medien	Politik	Mitarbeiter
hoch	gering	gering	gering	hoch	mittel

3.3 Weitere Treibhausgasemissionen – Scope 3 des GHG Protocol

Formel **Rechenbeispiel (T3)**

	Beispiel (in 1.000 t CO_2 Äquivalente)
Eingekaufte Produkte und Dienstleistungen	4.900
+ Kraftstoff und engergiebezogene Aktivitäten	+ 300
+ Upstream-Transport und Distribution	+ 200
+ Abfallbehandlung	+ 100
+ Geschäftsreisen	+ 30
+ Mitarbeiter Pendelverkehr	+ 30
+ Downstream-Transport und Distribution	+ 200
+ End-of-Life-Behandlung verkaufter Produkte	+ 1.400
= Summe Scope 3	**= 7.160**

Erläuterung

Indirekte Treibhausemissionen, entsprechend Scope 3 des GHG Protocols[11] in CO_2, umfassen all diejenigen, die außerhalb der Organisation (durch Transporte, Dienstreisen, bei Lieferanten) oder durch die Nutzung der Unternehmensprodukte entstehen. Ergänzend zu Scope 1 und 2 (siehe 3.1 und 3.2) sind dies alle Emissionen, die entlang der Wertschöpfungskette Up- und Downstream verursacht werden. Sie sind Folge der Unternehmensaktivität, werden jedoch nicht von ihm kontrolliert. Scope-3-Emissionen sind daher häufig weitaus größer als diejenigen nach Scope 1 oder 2. Für Unternehmen am Anfang (oder ganz am Ende) der Wertschöpfungskette sind die Scope-3-Emissionen aus der Weiterverarbeitung von Produkten manchmal nicht mit vertretbarem Aufwand zu ermitteln.

Vorteile	Nachteile
• Anerkanntes Erhebungsverfahren • Bedeutende anerkannte Kennzahl • Verwendung in Berichtsstandards	• Großer Erhebungsaufwand (insbesondere für Unternehmen am Ende der Wertschöpfungskette)

[11] Vgl. grundlegend World Business Council for Sustainable Development/World Resources Institute (2021)

Stakeholder-Relevanz					
Kapitalmarkt	Gesellschaft	NGO	Medien	Politik	Mitarbeiter
hoch	gering	hoch	mittel	hoch	gering

3.4 Gesamte Treibhausgasemissionen

Formel	Rechenbeispiel (T3)
	in 1.000 t CO_2-Äquivalente
Direkte Treibhausgasemissionen (Scope 1)	520
+ indirekte Treibhausgasemissionen (Scope 2)	+ 2.024
+ weitere Treibhausgasemissionen (Scope 3)	+ 7.160
= Gesamte Treibhausgasemissionen (in 1.000 t CO_2-Äquivalente)	**= 9.704**

Erläuterung

Treibhausgasemissionen sind die Hauptursache für den Klimawandel und unterliegen der Klimarahmenkonvention der Vereinten Nationen (UNFCC) und dem danach verabschiedeten Kyoto-Protokoll. Zu deren Umsetzung wurden verschiedene nationale und internationale Bestimmungen und Anreizsysteme beschlossen (wie z. B. Emissionszertifikate). Sie zielen darauf ab, das Volumen der Treibhausgasemissionen zu kontrollieren und die Verringerung des Ausstoßes zu belohnen. Daher ist eine summarische Betrachtung der gesamten direkten und indirekten Treibhausgasemissionen nach Gewicht durchaus bedeutsam.

Aus ökonomischer wie auch aus Nachhaltigkeitssicht ist die Angabe der gesamten Treibhausgasemissionen (CO_2-Fußabdruck) zentraler Indikator. Die kombinierte Betrachtung von direkten und indirekten Emissionen liefert Einsichten in mögliche Kostenauswirkungen von Besteuerungs- und Handelssystemen der berichtenden Organisation.

Vorteile	Nachteile
• Verbreitete/bedeutende Kennzahl • Verwendung in verschiedenen Berichtsstands • Grundlage für die Gesamtkompensation von CO2-Emissionen	• Hoher Erhebungsaufwand

Stakeholder-Relevanz					
Kapitalmarkt	Gesellschaft	NGO	Medien	Politik	Mitarbeiter
hoch	mittel	hoch	mittel	hoch	mittel

3.5 Energie – Gesamtverbrauch innerhalb der Organisation

Formel	**Rechenbeispiel (T4)**
Verbrauch nicht erneuerbarer Energieträger	1.200 GWh
+ Verbrauch erneuerbarer Energieträger	+ 400 GWh
+ zum Verbrauch bezogene(r) elektrischer Strom, Heiz- und Kühlenergie sowie Dampf	+ 300 GWh
+ eigenerzeugte(r) elektrischer Strom, Heiz- und Kühlenergie sowie Dampf	+ 500 GWh
– verkaufte(r) elektrischer Strom, Heiz- und Kühlenergie sowie Dampf	– 250 GWh
= Gesamtenergieverbrauch in der Organisation	**= 2.150 GWh**

Erläuterung

Der ökologische Rucksack/Fußabdruck eines Unternehmens wird maßgeblich davon bestimmt, wie sich der Energiemix aus erneuerbaren und nicht-erneuerbaren Energiequellen zusammensetzt. Ein hoher und steigender Anteil an regenerativen Energiequellen trägt dazu bei, diesen Impact zu verringern. Der Gesamtenergieverbrauch des Unternehmens – aufgeteilt nach regenerativen und nicht regenerativen Energieträgern – dokumentiert dieses Verhältnis.

Der Energieverbrauch ist unmittelbarer Kostenfaktor, so dass Versorgungs- und Energiepreisschwankungen signifikante Auswirkungen auf das wirtschaftliche Ergebnis haben. Ein hoher Anteil konventioneller Energieträger trägt häufig auch den Großteil zu den direkten Treibhausgasen (siehe 3.1) bei. Zugekaufte Energie wie elektrischer Strom, Heizung, Kühlung und Dampf wird dagegen den indirekten THG-Emissionen zugeordnet (siehe 3.2).

Vorteile	**Nachteile**
• Verbreitete/bedeutende Kennzahl • Gute Verknüpfung mit weiteren Emissionsindikatoren	• Z. T. schwierige Abgrenzung zwischen den Energieträgern bzw. Aufteilung zwischen Eigenverbrauch und Verkauf

Stakeholder-Relevanz					
Kapitalmarkt	Gesellschaft	NGO	Medien	Politik	Mitarbeiter
hoch	gering	hoch	mittel	hoch	mittel

3.6 Energieeinsparungen

Formel	**Rechenbeispiel (T4)**
Energieeinsparungen durch Verfahrensverbesserungen	10.000 MWh
+ Energieeinsparungen durch Austausch, Umrüstung von Anlagen	+ 45.000 MWh (z.B. neue Anlagen)
+ Energieeinsparungen durch verändertes Mitarbeiterverhalten	+ 21.000 MWh (z.B. Green IT)
= Energieeinsparungen durch umweltbewussten Einsatz u. Effizienzsteigerungen	**= 76.000 MWh**

Erläuterung

Die Angabe der »eingesparten Energie aufgrund des umweltbewussten Einsatzes und der Effizienzsteigerungen« quantifiziert die proaktiven Bemühungen der berichtenden Organisation, die Energieeffizienz durch technische Verfahren und energiesparende Initiativen zu erhöhen. Effiziente Energietechnik hat unmittelbare Auswirkungen auf die Betriebskosten und verringert die Abhängigkeit der berichtenden Organisation von nichterneuerbaren Energieträgern. Der effiziente Energieeinsatz ist eine der wesentlichen Strategien zur Bekämpfung des Klimawandels und anderen Umwelteinflüssen.

Um eine Vergleichbarkeit zwischen Unternehmen herzustellen, ist es nützlich, Kennzahlenkomponenten ins Verhältnis zu definierten Referenzgrößen zu setzen – z.B. Energieeinsparungen durch geändertes Mitabeiterverhalten pro Gesamtmitarbeiterzahl. Kritisch sei angemerkt, dass Unternehmensinvestitionen in Energieeffizienz häufig (kapitalmarktgetrieben) an zu kurzen Kapitalrückflusszeiten scheitern.

Vorteile	**Nachteile**
• Unmittelbarer Bezug zum eigenen Beitrag für Klimaschutz	• Teilweise nur schwer messbar (Bsp. Einsparung durch Mitarbeiterverhalten)

Stakeholder-Relevanz					
Kapitalmarkt	Gesellschaft	NGO	Medien	Politik	Mitarbeiter
hoch	mittel	hoch	mittel	hoch	mittel

3.7 Energie-Intensitätsverhältnis

Formel

$$\frac{\text{Absoluter Energieverbrauch}}{\text{Organisationsspezifischer Parameter}}$$

Rechenbeispiel (T5)

$$\frac{2.150 \text{ GWh}}{28.500 \text{ Mitarbeiter}} = 0{,}075438 \text{ GWh} = 75.438 \text{ kWh/MA}$$

Erläuterung

Mit dem Energie-Intensitätsquotient versucht die GRI, zusammen mit den Angaben zum Gesamtenergieverbrauch des Unternehmens, Effizienzpotentiale (und deren Vergleichbarkeit zu anderen berichtenden Organisationen) unternehmensspezifisch zu kontextualisieren. Dies liegt ganz im Trend, die Wesentlichkeitsbetrachtung in den Vordergrund zu rücken, um so den Fokus der Arbeit auf den unternehmensspezifischen Impact zu legen. Bei diesem Indikator soll es mithilfe des organisationsspezifischen Parameters gelingen, normierte Daten für ökologische Effekte zu formulieren. Sie können Folgendes umfassen: Produktintensität (z. B. Energieverbrauch pro produzierter Einheit); Dienstleistungsintensität (z. B. Energieverbrauch pro Funktion); Verkaufsintensität (z. B. Energieverbrauch pro Verkaufseinheit).

Vorteile	Nachteile
• Flexible Auswahl des organisationsspezifischen Parameters • Unterstützung der Wesentlichkeitsbetrachtung	• Vergleichbarkeit der Daten eingeschränkt

Stakeholder-Relevanz					
Kapitalmarkt	Gesellschaft	NGO	Medien	Politik	Mitarbeiter
mittel	gering	hoch	mittel	hoch	gering

3.8 Energie-Produktivität

Formel

$$\frac{\text{Einkünfte}}{\text{Energieverbrauch}}$$

Rechenbeispiel (T1)

$$\frac{1.000 \text{ Mio. €}}{2.150 \text{ GWh}} = 465 \text{ €/GWh}$$

Erläuterung

Die Energieproduktivität (Kehrwert zur Energieintensität) ist ein monetärer Maßstab dafür, wie viele Geldeinheiten wirtschaftlicher Leistung pro Einheit eingesetzter Energie erzeugt werden. Sie steigt, wenn durch eine effizientere Energienutzung der Energieverbrauch und damit auch der CO_2-Ausstoß sinkt. Bei der Ermittlung dieser Kennzahl kann entweder auf den Primär- oder Endenergieverbrauch (für Effizienz geeigneter) Bezug genommen werden.

Aggregiert für Deutschland gibt die Energieproduktivität das Verhältnis von Bruttoinlandsprodukt und Energieverbrauch wieder – ein Wert der in den den letzten Jahren zwar deutlich angestiegen ist, jedoch immer weiter steigen soll. Dieser wird weiterhin über verschiedene wirtschafts- und industriepolitische Instrumente an die Unternehmen weitergegeben wird.

Vorteile	Nachteile
• Verknüpfung unternehmensspezifischer Kennzahl zu bundespolitischen Zielsetzungen	• Vergleichbarkeit erfordert Bereinigung durch Effekte des eingesetzten Energieträgermixes mit unterschiedlichen Kraftwerkstypen und Wirkungsgraden

Stakeholder-Relevanz					
Kapitalmarkt	Gesellschaft	NGO	Medien	Politik	Mitarbeiter
hoch	gering	hoch	mittel	hoch	mittel

3.9 Einsparungen des Energiebedarfs für Produkte

Formel

$$\frac{\text{Stromverbrauch neues Produkt in kWh/Tag}}{\text{Stromverbrauch Vorgängerprodukt in kWh/Tag}} \times 100\,\%$$

Rechenbeispiel (T4)

$$\frac{1{,}5\ \text{kWh/Tag}}{1{,}8\ \text{kWh/Tag}} \times 100\,\% = 83\,\%, \text{ entspricht } -17\,\%$$

Erläuterung

Die Verbesserung der Energieeffizienz ist nicht nur aus der globalen Perspektive (Klimaschutz und Ressourceneffizienz) eine zentrale Kennzahl. Sie wird auch als Verkaufsargument zunehmend bedeutsamer. In diesem Kontext ist eine Angabe zur Senkung des Energiebedarfs für Produkte und Dienstleistungen eine wesentliche Angabe, die häufig in Relation zum Vorgängerprodukt getroffen wird.

Energieeffiziente Produkte anzubieten, gehört daher zur Produktverantwortung und unterstützt den nachhaltigen wirtschaftlichen Erfolg. Denn ob bei Kühlschränken, Energiesparlampen oder Autos – Kunden berücksichtigen bereits heute diesen Faktor als wichtiges Kaufargument. Eine begleitende Umsetzung der ISO 50001 unterstützt Organisationen zudem dabei, ihre energiebezogene Leistung verbessern, den Energieverbrauch senken, die Energieeffizienz steigern und so letztendlich ihren Energieeinsatz optimieren. Vergleicht man Initiativen verschiedener Organisationen desselben Sektors, kann Energieeffizienzsteigerung zudem ein Kriterium für mögliche Markttrends für bestimmte Produkte oder Dienstleistungen sein. Insbesondere Organisationen, deren Verfahren, Produkte und Dienstleistungen bisher ozonabbauende und gesundheitsgefährdende Stoffe verwenden, können durch Entwicklung und Einsatz weniger schädlicher Stoffe an Reputation gewinnen und Marktchancen steigern.

Vorteile	Nachteile
• Kundenbezogene, transparente Kennzahl • Hohes gesellschaftliches Interesse	• Aufwand bei ISO 50001 Zertifizierung

Stakeholder-Relevanz					
Kapitalmarkt	Gesellschaft	NGO	Medien	Politik	Mitarbeiter
hoch	hoch	hoch	mittel	hoch	gering

3.10 Kohlenstoffproduktivität

Formel

$$\frac{\text{Einkünfte}}{\text{Gesamtmenge an THG-Emissionen}}$$

Rechenbeispiel (T1)

$$\frac{1.000 \text{ Mio. €}}{9.704 \text{ (1.000 t } CO_2\text{-Äquivalente)}} = 103 \text{ € pro t } CO_2$$

Erläuterung

Die Kohlenstoffproduktivität gibt an, wie viel Einkünfte pro emittierte Einheit CO_2 (oder Äquivalent) produziert werden. Die an diese Kennzahl geknüpfte Überlegung ist, dass Klimaschutz nur dann erreicht werden kann, wenn gleichzeitig Treibhausgasemissionen reduziert und wirtschaftliches Wachstum beibehalten wird – kurzum: die Kohlenstoffproduktivität erhöht wird (analog zur Erhöhung der Arbeitsproduktivität).[12]

Im globalen Kontext entsteht hierbei das Dilemma, dass bedingt durch das Wirtschaftswachstum in Schwellen- und Entwicklungsländern sowie ggf. ein hoher Ölpreis, das Ausweichen auf ineffizientere Brennstoffe (Kohle, Teersand, Ölschiefer) rentabel macht. Damit steigt die Menge an fossilen Energieträgern wieder an, die für eine Einheit Bruttoinlandsprodukt (BIP) eingesetzt werden muss. Um die Klimaziele zu erreichen, wird der Druck auf Unternehmen zunehmen, kohlenstoffärmere Energiequellen zu nutzen und für Verhaltens-änderungen bei ihren Kunden einzutreten.

Vorteile	Nachteile
• Dokumentation des Unternehmensbeitrags zu einem nationalen/internationalen Ziel	• Mehrjahresbetrachtung/industriespezifische Vergleiche erforderlich • Verzerrung des Ergebnisses (z. B. bei sinkenden Einkünften)

[12] Vgl. Hierzu McKinsey Global Institute (2008)

Stakeholder-Relevanz					
Kapitalmarkt	Gesellschaft	NGO	Medien	Politik	Mitarbeiter
mittel	mittel	hoch	mittel	hoch	gering

3.11 Kraftstoffverbrauch und CO_2-Effizienz bei Fahrzeugen in der Nutzungsphase

Formel

$$\frac{\text{Kraftstoffverbrauch in l}}{\text{100 km}} \times CO_2\text{-Faktor}$$

Rechenbeispiel (T3)

$$\frac{5{,}6\ \text{l}}{100\ \text{km}} \times 2{,}32\ \text{kg}\ CO_2 = 129{,}92\ \text{kg}\,CO_2/100\ \text{km}$$

Erläuterung

Auch wenn die Zahl von Elektrofahrzeugen steigt – die meisten vom Unternehmen eingesetzten Fahrzeuge nutzen heute noch Kraftstoffe wie Benzin, Diesel, Erdgas, Flüssiggas oder Biotreibstoffe als Energiequelle, die im Motor mit Luftsauerstoff verbrannt werden. In diesem Prozess entsteht CO_2. Wie viel dies ist, gibt der Kraftstoffverbrauch an – also die Menge an Kraftstoff, die ein Verbrennungsmotor in einer definierten Zeit (oder Strecke) verbrennt. Die Angaben sind dabei auf 100 Kilometer gemittelte Werte.

Die CO_2-Effizienz von Fahrzeugen ist eine zentrale Umweltkennzahl, die für Automobilhersteller Verkaufsargument (oder Hindernis) und FuE-Schwerpunkt darstellt. Das Ergebnis bestimmt wesentlich die Nachhaltigkeitswahrnehmung. Aber auch von Unternehmen anderer Branchen wird häufig erwartet, dass sie über den Verbrauch ihrer Fahrzeuge berichten. Zudem erfordert die Erstellung von zunehmend gewünschten Ökobilanzen die Integration der entsprechenden Fahrzeugemissionen. Besonders relevant ist dies z. B. in Logistikunternehmen.

Vorteile	Nachteile
• Hohe Relevanz für Kaufentscheidung der Kunden • Hohe Aufmerksamkeit bei NGOs und Medien	• Herstellerangaben auf Basis von gegebenen Fahrzyklen unter Laborbedingungen • Realbedingungen sind komplex (Berg-Tal, Stadt-Land etc.)

Stakeholder-Relevanz					
Kapitalmarkt	Gesellschaft	NGO	Medien	Politik	Mitarbeiter
hoch	mittel	hoch	hoch	hoch	mittel

3.12 Wasser – zurückgewonnener und wiederverwerteter Anteil

Formel

$$\frac{\text{Gesamtvolumen wiederverwertetes Wasser (m}^3\text{)}}{\text{Gesamtwasserentnahme (m}^3\text{)}} \times 100\,\%$$

Rechenbeispiel (T2)

$$\frac{270.000 \text{ m}^3}{1.529.000 \text{ m}^3} \times 100\,\% = 17{,}66\,\%$$

Erläuterung

Wasser zählt, ebenso wie z.B. fossile Brennstoffe, zu begrenzt verfügbaren Ressourcen. Das »Gesamtvolumen des zurückgewonnenen und wiederverwerteten Wassers als Prozentsatz der gesamten berichteten Wasserentnahme« ist eine Messgröße für Effizienz bei der Reduzierung der Entnahme und Einleitung von Schmutzwasser. Das unkontrollierte Einleiten von Abwasser mit einer hohen Belastung durch Chemikalien oder Düngemittel (in erster Linie Stickstoff, Phosphor oder Kalium) wirkt sich erheblich auf die aufnehmenden Gewässer aus. Die vermehrte Rückgewinnung, Reinigung und Wiederverwendung von Prozesswasser senkt die Kosten für Wasserverbrauch, Wasseraufbereitung und Entsorgung und leistet einen Beitrag zu lokalen oder nationalen Zielen im Bereich der Wasserversorgung. Auch das Risiko, dass aufsichtsrechtliche Maßnahmen wegen Nichteinhaltung von Umweltvorschriften ergriffen werden, kann minimiert werden.

Vorteile	Nachteile
• Zentrale Kennzahl mit hoher gesellschaftlicher Relevanz	• Z.T. schwierige Erhebung der Menge des wiederverwerteten Wassers

Stakeholder-Relevanz					
Kapitalmarkt	Gesellschaft	NGO	Medien	Politik	Mitarbeiter
mittel	mittel	mittel	mittel	hoch	gering

3.13 Anteil von Recyclingmaterial am Gesamtmaterialeinsatz

Formel

$$\frac{\text{Verwendetes Recyclingmaterial gesamt}}{\text{Gesamtmaterialeinsatz}} \times 100\,\%$$

Rechenbeispiel (T2)

$$\frac{120.000\ \text{t}}{500.000\ \text{t}} \times 100\,\% = 24\,\%$$

Erläuterung

Ein hoher Prozentsatz der Sekundärrohstoffe bzw. von Recyclingmaterial am Gesamtmaterialeinsatz, die zur Herstellung der wichtigsten Produkte und Dienstleistungen der Organisation verwendet wurden verdeutlicht die Fähigkeit der berichtenden Organisation, natürliche Ressourcen zu schonen. Je nach Material ist dies mit Kosteneinsparungen aber auch Aufwendungen hierfür verbunden. Relevant sind hierbei vor allem Rohstoffe (wie z.B. Erz oder Mineralien), Hilfs- und Betriebsstoffe, Halbzeuge oder Teile sowie Verpackungsmaterial (wie Pappe, Kunst-stoffe etc.). Ein steigender Anteil von Recyclingmaterial trägt zur Verringerung der Nachfrage nach unbenutzten Ressourcen (Neumaterial) und so zur Erhaltung der global verfügbaren Ressourcen bei und wird als ressourcenschonendes Verhalten und eine verminderte Abhängigkeit von Primärrohstoffen interpretiert. Informationen über die Entsorgungsart machen den Stellenwert transparent, den das Unternehmen Umweltauswirkungen bei ihrem Entsorgungskonzept (deponieren oder recyceln) beimisst. Abfallvermeidungsstrategien versuchen daher, Wiederverwertung, Recycling und Rückgewinnung anderen Entsorgungsmöglichkeiten vorzuziehen.

Vorteile	Nachteile
• Bekannte, weit verbreitete Kennzahl • Hohes öffentliches Interesse	• Genaue Definition und Benennung der einbezogenen Sekundärrohstoffe erforderlich • U. U. höhere Kosten für Recycling

Stakeholder-Relevanz

Kapitalmarkt	Gesellschaft	NGO	Medien	Politik	Mitarbeiter
mittel	mittel	hoch	mittel	hoch	mittel

3.14 Anteil von recyceltem Abfall

Formel

$$\frac{\text{Recycelter Abfall}}{\text{Gesamter Abfall}} \times 100\,\%$$

Rechenbeispiel (T2)

$$\frac{16.810\text{ t}}{25.810\text{ t}} \times 100\,\% = 65{,}12\,\%$$

Erläuterung

Die Entsorgung von Produkten und Verpackungsmaterial am Ende der Lebensdauer ist unter Umweltgesichtspunkten eine große Herausforderung. Effizientes Recycling und effiziente Wiederverwertungssysteme einzurichten, um geschlossene Produktkreisläufe herzustellen, können erheblich dazu beitragen, die Material- und Ressourceneffizienz zu steigern und Kosten für Entsorgung zu senken. Der Anteil des gesamten Abfalls, der recycelt wurde, gibt Aufschluss über den Umfang, in dem Produkte, Komponenten und Materialien der berichtenden Organisation gesammelt und erfolgreich in nutzbares Material für neue Produktionsverfahren umgewandelt werden. Er liefert auch Informationen darüber, inwieweit die Organisation Produkte und Verpackungen entwickelt hat, die recycelt oder wiederverwendet werden können. Diese Angabe kann insbesondere eine Quelle für die Abgrenzung von Wettbewerbern in Branchen sein. Zu recyceltem Abfall zählen Abfall zur Verwertung (ohne Schrott), Schrott zur Verwertung und gefährlicher Abfall zur Verwertung.

Vorteile	Nachteile
• Enger Bezug zu gesetzlichen Vorgaben	• Differenzierung von recycelbar (i. S. von technisch möglich) und tatsächlich recyceltem Abfall z. T. schwer zu dokumentieren

Stakeholder-Relevanz					
Kapitalmarkt	Gesellschaft	NGO	Medien	Politik	Mitarbeiter
hoch	mittel	hoch	mittel	hoch	gering

3.15 Abfall – transportiert, importiert, exportiert oder behandelt

Formel	Rechenbeispiel (T2)
Gewicht des zur Organisation transportierten gefährlichen Abfalls, nach Bestimmungsort, von externen Quellen, die nicht Eigentum der Organisation sind	0
+ Gewicht des von der Organisation abtransportierten gefährlichen Abfalls, nach Bestimmungsort, zu externen Quellen/Lieferanten, die nicht Eigentum der Organisation sind	+ 2.300 t
+ Gewicht des national und international zwischen Standorten, die Eigentum der Organisation sind oder von ihr gemietet oder betrieben werden, transportierten gefährlichen Abfalls, nach Bestimmungsort	+ 6.600 t
= Gesamtgewicht des transportierten gefährlichen Abfalls nach Bestimmungsort	**= 8.900 t**

Erläuterung

Der unsachgemäße Transport gefährlicher Abfälle in Länder ohne hierfür geeignete Infrastruktur und fehlende nationalen Vorschriften kann für Mensch und Natur gefährliche Auswirkungen haben. Das Abfallmanagement muss daher nachweislich sicherstellen, nationale und internationale Vorschriften – auch aus Haftungs- sowie Reputationsgründen – einzuhalten. Hierauf erlaubt die Angabe Rückschlüsse zum Gewicht des transportierten, importierten, exportierten oder behandelten Abfalls, der gemäß den Bestimmungen des Basler Übereinkommens als gefährlich eingestuft wird, sowie Prozentsatz des international transportierten Abfalls. Das Basler Übereinkommen von 1989 regelt als internationales Umweltabkommen den grenzüberschreitenden Transport solcher Abfälle.

Vorteile	Nachteile
• Direkte Anknüpfung an gesetzliche Anforderungen des Basler Abkommens	• Hoher Erhebungs- und Dokumentationsaufwand in dieser Differenzierung

Stakeholder-Relevanz					
Kapitalmarkt	Gesellschaft	NGO	Medien	Politik	Mitarbeiter
mittel	mittel	hoch	mittel	hoch	gering

3.16 Anteil zurückgenommenen Verpackungsmaterials

Formel

$$\frac{\text{Zurückgenommene Produkte und deren Verpackungen}}{\text{Verkaufte Produkte}} \times 100\,\%$$

Rechenbeispiel (T2)

$$\frac{20.000}{600.000} \times 100\,\% = 3{,}33\,\%$$

Erläuterung

Effizientes Recycling und wirkungsvolle Wiederverwertungssysteme steigern die Material- und Ressourceneffizienz. Die Kosten für deren Entsorgung sinken. Der »Prozentsatz der zurückgenommenen verkauften Produkte und deren Verpackungsmaterialien nach Kategorie« gibt daher Aufschluss über den Umfang, in dem Produkte, Komponenten und Materialien der berichtenden Organisation gesammelt und erfolgreich in nutzbares Material für neue Produktionsverfahren umgewandelt werden. Er liefert auch Informationen darüber, inwieweit die Organisation Produkte und Verpackungen entwickelt hat, die recycelt oder wiederverwendet werden können. Während sich bei manchen Produkten diese Kennzahl vergleichsweise leicht ermitteln lässt (z. B. bei Getränken in Pfandflaschen), steigt die Komplexität insbesondere bei hochtechnologischen und langlebigen Wirtschaftsgütern deutlich an. Hinzu kommt, dass die meisten Verpackungen (aus Kunststoff oder Karton) nicht an den Hersteller des Produktes zurückgegeben werden, sondern an anderer Stelle (z. B. anderes Land) in den Recyclingkreislauf eingespeist werden.

Vorteile	Nachteile
• Aussagekräftiger Indikator bei vielen Verbrauchsgütern	• Schwere Kennzahlenermittlung bei komplexen und hochtechnologischen Wirtschaftsgütern

Stakeholder-Relevanz					
Kapitalmarkt	Gesellschaft	NGO	Medien	Politik	Mitarbeiter
hoch	mittel	hoch	mittel	hoch	gering

3.17 Abfall-Produktivität

Formel

$$\frac{\text{Einkünfte}}{\text{Gesamtmenge Abfall}}$$

Rechenbeispiel (T1, T2)

$$\frac{1.000 \text{ Mio. €}}{25.810 \text{ t}} = 38{,}74 \text{ € pro t Abfall}$$

Erläuterung

Die Abfallproduktivität als Verhältniskennzahl der Abfallmenge in Bezug zu Einkünften gibt an, wie viel Einkünfte für Produkte und Dienstleistungen pro anfallende Einheit an Abfall generiert werden. Eine erhöhte Abfallproduktivität geht mit geringeren CO_2-Emissionen einher, weil weniger Abfall receycelt, aufbereitet, behandelt transportiert oder entsorgt werden muss.

Vorteile	Nachteile
• Hohe Relevanz im regionalen Kontext	• Geringe Verbreitung der Kennzahl • Vornehmlich industriespezifische Aussagekraft

Stakeholder-Relevanz					
Kapitalmarkt	Gesellschaft	NGO	Medien	Politik	Mitarbeiter
mittel	gering	mittel	gering	hoch	gering

3.18 ISO 14001 und EMAS – Anteil zertifizierter Produktionsstätten

Formel

$$\frac{\text{Anzahl nach ISO 14001 und/oder EMAS zertifizierter Produktionsstätten}}{\text{Gesamtanzahl der Produktionsstätten}} \times 100\,\%$$

Rechenbeispiel (T1)

$$\frac{15}{30} \times 100\,\% = 50\,\%$$

Erläuterung

Die Umweltmanagementnorm ISO 14001 sowie EMAS, das von der EU entwickelte »Eco-Management and Audit Scheme«, formulieren weltweit anerkannte Anforderungen an ein Umweltmanagementsystem bzw. Öko-Audit (Umweltbetriebsprüfung). Zertifiziert werden können Unternehmen, Dienstleister, Verwaltungen etc., aber auch andere Arten von Organisation, einschließlich überstaatlicher Organisationen. Der Anteil hiernach zertifizierter Produktionsstätten dokumentiert für den Außenbetrachter die Ernsthaftigkeit des Umweltengagements des Unternehmens, indem hierbei u. a. Ökobilanzen erstellt und die Umweltleistung bewertet wird. Zudem wird in den Standards auch eine kontinuierliche Weiterentwicklung des Umweltmanagements verlangt. Vor diesem Hintergrund ist diese Kennzahl eine gefragte Größe in vielen Ratings und Rankings von ethisch und nachhaltig orientierten Analysten und Investoren.

Vorteile	Nachteile
• Indikator mit Bezug auf weltweit anerkannte Zertifizierungssysteme • Nachgefragte Kennzahl u. a. auch in Finanzmarktratings	• Hoher Zertifizierungsaufwand (Zeit und Geld)

Stakeholder-Relevanz					
Kapitalmarkt	Gesellschaft	NGO	Medien	Politik	Mitarbeiter
hoch	gering	mittel	gering	mittel	mittel

3.19 ISO 9001 – Anteil zertifizierter Produktionsstätten

Formel

$$\frac{\text{Anzahl nach ISO 9001 zertifizierter Produktionsstätten}}{\text{Gesamtanzahl der Produktionsstätten}} \times 100\,\%$$

Rechenbeispiel (T1)

$$\frac{15}{30} \times 100\,\% = 50\,\%$$

Erläuterung

Die Qualitätsmanagementnorm 9001 der International Standardization Organization (ISO) beschreibt, welche Anforderungen das Managementsystem eines Unternehmens erfüllen muss, um Produkte und Dienstleistungen bereitzustellen, die Kundenerwartungen und/oder behördliche Anforderungen erfüllen. Der Nachweis wird durch einen Zertifizierungsprozess eines unabhängigen Prüfers erbracht. Zertifiziert werden können Unternehmen, Dienstleister, Verwaltungen etc., aber auch andere Arten von Organisation, einschließlich überstaatlicher Organisationen.

Auch im Nachhaltigkeitskontext wird regelmäßig auf ISO 9001 Bezug genommen, da z. B. die Lastenhefte für Entwickler oder Zulieferer hieran ausgerichtet sind und damit wichtige Vorgaben, beispielsweise an die Emissionsvorgaben, hierin dokumentiert werden. Vor diesem Hintergrund ist diese Kennzahl eine gefragte Größe in vielen Ratings und Rankings von nachhaltig orientierten Analysten und Investoren.

Vorteile	Nachteile
• Indikator mit Bezug auf weltweit anerkannte Zertifizierungssysteme • Nachgefragte Kennzahl u. a. auch in Finanzmarktratings	• Hoher Zertifizierungsaufwand (Zeit und Geld)

Stakeholder-Relevanz					
Kapitalmarkt	Gesellschaft	NGO	Medien	Politik	Mitarbeiter
hoch	gering	mittel	gering	mittel	mittel

3.20 Anteil des Logistikvolumens unter Effizienzmaßnahmen

Formel

$$\frac{\text{Logistikvolumen unter Effizienzmaßnahmen}}{\text{Gesamtlogistikvolumen}} \times 100\,\%$$

Rechenbeispiel (T1)

$$\frac{100 \text{ Mio. €}}{500 \text{ Mio. €}} \times 100\,\% = 20\,\%$$

Erläuterung

Den Logistik- und Transportaktivitäten wird ein signifikanter Anteil an dem ökologischen Fußabdruck eines Unternehmens zugerechnet – aufgrund des Schadstoffausstoßes beim Gütertransport. Dies erfolgt innerhalb des Unternehmens (interne Logistik) wie auch außerhalb des Unternehmens (externe Logistik). Die in 2013 in Kraft getretene CEN-Norm DIN EN 16258:2011 regelt erstmals, wie die THG-Emissionen beim Gütertransport per LKW, Schiene, Binnenschiff, Seeschiff und Luftfracht zu ermitteln sind.

Mit der Dokumentation des Anteils am Transport- und Logistikvolumen unter Effizienzmaßnahmen zeigt die berichtende Organisation an, inwieweit sie mögliche CO_2-Senkungspotenziale (und damit Kosteneinsparungen) adressiert. Ratingagenturen fragen hier insbesondere nach der Optimierung von Logistiksystemen (Verlagerung auf Bahn und Schiff), optimierten Verteilerzentren etc.

Vorteile	Nachteile
• Kennzahl für potenziell signifikante CO_2- und damit Kosteneinsparungspotenziale	• Klare Abgrenzung der Systemgrenzen notwendig (z. B. Zuliefererebene)

Stakeholder-Relevanz					
Kapitalmarkt	Gesellschaft	NGO	Medien	Politik	Mitarbeiter
mittel	gering	mittel	gering	mittel	gering

3.21 Biodiversität – Anteil hiernach überwachter Unternehmensflächen

Formel

$$\frac{\text{Unternehmensfläche, die unter Biodiversitätsaspekten überwacht wird}}{\text{Gesamtunternehmensfläche}} \times 100\,\%$$

Rechenbeispiel (T1)

$$\frac{70\text{ ha}}{200\text{ ha}} \times 100\,\% = 35\,\%$$

Erläuterung

Biodiversität beschreibt die Vielfalt an Ökosystemen, Arten und Genen sowie deren Wechselbeziehungen. Der Erhalt von Schutzgebieten und Gebieten mit hoher Biodiversität ist von Bedeutung, um die Stabilität der Ökosysteme langfristig zu gewährleisten. So senken beispielsweise Wälder die CO_2-Emissionen beträchtlich. Daher besteht gesellschaftliches Interesse an Biodiversität im Einflussbereich eines Unternehmens. Besonders relevant wird eine strategische Herangehensweise dann, wenn Schädigungen von Lebensräumen auf die Geschäftstätigkeit des Unternehmens zurückgehen.

Der Anteil der unter Biodiversität überwachten Unternehmensfläche im Verhältnis zu allen Flächen gibt an, welchen Stellenwert die berichtende Organisation Biodiversität einräumt. Diese Angabe kann durch weitere Informationen hierzu ergänzt werden, z.B. ob Renaturierungen durchgeführt wurden oder Partnerschaften hierzu mit Dritten bestehen. Positiv wahrgenommene Initiativen, die ebenfalls auf Biodiversität einzahlen (und zudem energie- und kostensenkend wirken) sind beispielsweise auch Dachbegrünungen von Unternehmensgebäuden.

Vorteile	Nachteile
• Wichtiges Unternehmensbekenntnis zu einem Zukunftsthema	• Unklare Definition von Schutzgebieten

Stakeholder-Relevanz					
Kapitalmarkt	Gesellschaft	NGO	Medien	Politik	Mitarbeiter
mittel	mittel	hoch	mittel	hoch	mittel

Kapitel 4

Gesellschaftliche SRI-Kennzahlen – Mitarbeiter

4.1 Gesamtbelegschaft nach Befristung des Arbeitsvertrages

Formel

$$\frac{\text{Anzahl befristet angestellter Mitarbeiter}}{\text{Gesamtzahl unbefristet angestellter Mitarbeiter}} \times 100\,\%$$

Rechenbeispiel (T5)

$$\frac{2.850}{25.650} \times 100\,\% = 11{,}11\,\% \text{ (Vj. 5\,\%)}$$

Erläuterung

Die Angabe zur Gesamtbelegschaft nach Befristung des Arbeitsvertrages[13] bzw. der Anteil der befristet angestellten Mitarbeiter im Verhältnis zu den unbefristet angestellten Mitarbeitern erlaubt einen Einblick in die Personalstruktur des Unternehmens, die Fristigkeit der Personalpolitik sowie die Sicherheit der Arbeitsplätze. Die aktuelle Debatte um Leiharbeiter bzw. Werkverträge gibt dieser Kennzahl zudem eine gewisse Brisanz. Denn seitens der Öffentlichkeit sowie der Gewerkschaften wird die Umschichtung unbefristeter Arbeitsverträge in zunächst befristete und schließlich in Werkverträge oder Verträge mit Arbeitnehmerüberlassung kritisch gesehen. Zwar wurden von der Politik gerade Werkverträge als unternehmerisches Flexibilisierungsinstrument geschaffen, Gewerkschaftsvertreter vermuten jedoch dahinter die Unternehmensabsicht, Mitarbeiter nicht gemäß vereinbarter Tarifverträge zu vergüten.

Vorteile	**Nachteile**
• Zentrale Kennzahl für Finanz- und ESG-Berichterstattung • Indikator mit hoher Relevanz in der aktuellen politischen Diskussion	• Keine Erfassung von Werkverträgen, Arbeitnehmerüberlassung sowie i.d.R. Auszubildenden, Praktikanten, Diplomanden

[13] Die Kennzahl ist zudem nach Geschlecht zu differenzieren.

Stakeholder-Relevanz					
Kapitalmarkt	Gesellschaft	NGO	Medien	Politik	Mitarbeiter
hoch	mittel	hoch	mittel	hoch	hoch

4.2 Gesamtbelegschaft nach Art des Arbeitsvertrages

Formel

$$\frac{\text{Anzahl der gewerblichen Mitarbeiter}}{\text{Gesamtzahl Mitarbeiter}} \times 100\,\%$$

Rechenbeispiel (T5)

$$\frac{22.000}{28.500} \times 100\,\% = 77\,\%$$

Erläuterung

Eine Aufschlüsselung der Gesamtbelegschaft nach Arbeitsvertrag[14] differenziert gewerbliche von nicht gewerblichen Mitarbeitern. Gewerbliche Mitarbeiter sind unselbstständig Beschäftigte in der gewerblichen Wirtschaft (Industrie, Handel, Handwerk, Dienstleistungsgewerbe) im Unterschied zu Angestellten, Arbeitern und Beamten im Staatsdienst. Hierzu zählen in den meisten Definitionen Gesellen, Gehilfen, Auszubildende, Werkmeister, Techniker oder Fabrikarbeiter.

Neben der Indikation über die allgemeine Personalstruktur des Unternehmens gibt der Anteil der gewerblichen Mitarbeiter an der Gesamtbelegschaft an, wie produktionsorientiert ein Unternehmen ist und insofern auch produktspezifisch konjunkturellen Schwankungen unterliegt. Potenzielle Effizienzaussagen müssen jedoch durch Unschärfe in der Definition von einbezogenen Gruppen möglicherweise relativiert werden.

Vorteile	Nachteile
• Wichtige Kennzahl mit hoher Aussagekraft • Effizienzaussage im Industrievergleich	• Unschärfe der Kennzahl durch unberücksichtigte Werkverträge und Arbeitnehmerüberlassungen

[14] GRI empfiehlt deren zusätzliche Differenzierung nach Geschlecht.

Stakeholder-Relevanz					
Kapitalmarkt	Gesellschaft	NGO	Medien	Politik	Mitarbeiter
hoch	mittel	hoch	mittel	hoch	hoch

4.3 Neue Mitarbeiter – gesamt und Anteil – nach Region

Formel

$$\frac{\text{Gesamtzahl neu eingestellter Mitarbeiter Region C}}{\text{Gesamtmitarbeiterzahl Region C}} \times 100\,\%$$

Rechenbeispiel (T5)

$$\text{MA-Anteil Region C} = \frac{700}{5.500} \times 100\,\% = 12{,}7\,\%$$

Erläuterung

Die Gesamtzahl und Rate der während des Berichtszeitraums neu eingestellten Mitarbeiter nach Region ergänzt strategische Unternehmensaussagen über die Entwicklung des Kerngeschäftes in verschiedenen Marktregionen. Denn die Industriepolitik verschiedener Staaten verlangt von Unternehmen – im Gegenzug für vereinfachte Marktzugänge – auch einen Beitrag zur lokalen Wertschöpfung und Arbeitsplatzschaffung.

Verschiedene Berichtsstandards sehen zudem vor, den Anteil neuer Mitarbeiter nach Altersgruppe, Geschlecht und Region aufzugliedern, um eine industriespezifische Interpretation zu erlauben – z. B. hinsichtlich der physischen Anforderungen an die Arbeitsplätze, einer möglichen Überalterung der Belegschaft, der Attraktivität des Unternehmens, der kreativen Nutzung einer diversen Belegschaft oder potenziellen Wachstumsmärkten. Diese Aspekte einer möglichen Interpretation erscheinen jedoch oben genannter Argumentation hinsichtlich relevanter Marktchancen eher nachgelagert zu sein.

Vorteile	Nachteile
• Bereits Element der Finanzberichterstattung	• Industriespezifische Interpretation nötig

Stakeholder-Relevanz					
Kapitalmarkt	Gesellschaft	NGO	Medien	Politik	Mitarbeiter
mittel	mittel	mittel	mittel	hoch	hoch

4.4 Anteil lokal angeworbener Führungskräfte

Formel

$$\frac{\text{Anzahl lokal angeworbener Führungskräfte}}{\text{Gesamtzahl Führungskräfte}} \times 100$$

Rechenbeispiel (T5)

$$\frac{80}{1.425} \times 100 = 5{,}61\,\%$$

Erläuterung

International operierende Unternehmen versuchen zunehmend, vor Ort an ihren Hauptstandorten ein lokales Management einzusetzen – dafür spricht die Kenntnis der lokalen Marktmechanismen, der lokalen Kultur oder der Sprache. In der Regel geht dies zudem einher mit geringeren Kosten im Vergleich zu Expatriates aus den Herkunftsländern des Unternehmens. Hieran besteht auch seitens der Gesellschaft und der lokalen Politik großes Interesse, um entsprechendes Humankapital aufzubauen. In manchen Ländern werden Unternehmen sogar gesetzlich verpflichtet, einen bestimmten Anteil an Führungskräften mit einheimischen Mitarbeitern zu besetzen (siehe z. B. in Südafrika – hier aus politischen Gründen zur Überwindung der Apartheid).

Neben den Vorteilen der Vielfalt im Managementteam und der Einbeziehung von lokalem Management können jedoch auch kulturell bedingte Schwierigkeiten in der Zusammenarbeit auftreten, sodass der Einsatz von Expatriates bzw. ein kontinuierlicher Erfahrungsaustausch zwischen der Zentrale im Heimatland und dem lokalen Markt weiterhin wichtige Führungsinstrumente bleiben.

Vorteile	Nachteile
• Dokumentation der Sicherung von lokalem Knowhow mit besserem Marktverständnis	• Unternehmensspezifische Definition von Führungskräften (und ggf. weitere Differenzierung derselben)

Stakeholder-Relevanz					
Kapitalmarkt	Gesellschaft	NGO	Medien	Politik	Mitarbeiter
mittel	hoch	mittel	gering	hoch	hoch

4.5 Frauenquote Gesamt

Formel

$$\frac{\text{Anzahl weiblicher Vollzeitäquivalente (VZÄ)}}{\text{Gesamtzahl Vollzeitäquivalente (VZÄ)}} \times 100\,\%$$

Rechenbeispiel (T5)

$$\frac{5.000}{28.500} \times 100\,\% = 17{,}5\,\%$$

Erläuterung

Mit Hilfe des Anteils weiblicher Vollzeitäquivalente an der Gesamtmitarbeiterzahl kann die Vielfalt – hier bezogen auf den Frauenanteil – in einer Organisation quantifiziert werden.[15] Der Indikator dient für Benchmarks für bestimmte Bereiche oder Regionen.

Vergleiche zwischen der Vielfalt in der Belegschaft und der Vielfalt in der Führungsebene liefern vertiefende Einblicke zur Chancengleichheit. Die Kennzahl macht zudem deutlich, welchen Stellenwert Diversity für das Unternehmen im Rahmen seiner Strategie einnimmt. Zudem können auch Rückschlüsse auf Diskriminierung aufgrund von Geschlecht, Alter oder Zugehörigkeit zu einer Minderheit gezogen werden. Einer heterogenen Belegschaft (nach Alter, Geschlecht, Nationalität, Religion, Bildungsstand etc.) wird eine innovative Lösungskompetenz zugeschrieben, neue Kundengruppen im In- und Ausland zu erschließen.

Vorteile	Nachteile
• Fokus auf Frauenförderung dominiert die aktuelle politische Debatte • Element der neuen EU-Richtlinie zu nichtfinanziellen Kennzahlen	• Reduktion des Diversity-Gedankens auf den Frauenanteil • Industriespezifische Betrachtung notwendig

[15] Hier wird beispielhaft der Indikator aufgeführt, der den Frauenanteil im Unternehmen erfasst. Im Hinblick auf die beabsichtigte heterogene Zusammensetzung der Belegschaft müssten auch Kennzahlen Einzug finden, die andere Diversity-Aspekte abdecken wie Alter, Nationalität etc.

Stakeholder-Relevanz					
Kapitalmarkt	Gesellschaft	NGO	Medien	Politik	Mitarbeiter
mittel	hoch	mittel	mittel	hoch	hoch

4.6 Frauenquote in Führungspositionen

Formel

$$\frac{\text{Anzahl weiblicher VZÄ in Führungspositionen}}{\text{Gesamtzahl VZÄ in Führungspositionen}} \times 100\,\%$$

Rechenbeispiel (T5)

$$\frac{428}{1.425} \times 100\,\% = 30\,\% \text{ (Vj. } 25\,\%\text{)}$$

Erläuterung

Die Kennzahl »Frauenquote in Führungspositionen« erfasst quantitativ einen (von mehreren) Vielfaltsaspekten. Gewünscht ist dessen Ermittlung auch für andere Diversity-Aspekte wie Alter, Nationalität, Zugehörigkeit zu Minderheiten etc. Denn einer nach Alter, Geschlecht, Nationalität, Religion, Bildungsstand etc. heterogenen Belegschaft werden u. a. bessere Voraussetzungen zugeschrieben, innovative Lösungsansätze zu finden. Diversity ist somit ein kritischer Erfolgsfaktor für globale Wettbewerbsfähigkeit.

Der politisch erklärte Wille, dem Diversity-Aspekt größeren Raum einzuräumen, zeigt sich in Deutschland auch in der andauernden Debatte um den Frauenanteil in Vorständen bzw. Aufsichtsräten. Auf europäischer Ebene wurde Vielfalt ein ausdrücklicher Bestandteil der Berichtspflicht zur Offenlegung nicht finanzieller Informationen und Diversity. Neben dessen Quantifizierung in Kennzahlen, wird seitens des Unternehmens hier eine Beschreibung der Diversity-Politik für Verwaltung, Management, Vorstand und Aufsichtsrat gefordert.

Vorteile	Nachteile
• Fokus auf Frauenförderung dominiert die aktuelle politische Debatte. • Element der neuen EU-Richtlinie zu nichtfinanziellen Kennzahlen	• Reduktion des Diversity-Gedankens auf den Frauenanteil • Industriespezifische Betrachtung notwendig

Stakeholder-Relevanz					
Kapitalmarkt	Gesellschaft	NGO	Medien	Politik	Mitarbeiter
mittel	mittel	mittel	mittel	hoch	hoch

4.7 Fluktuationsquote

Formel

$$\frac{\text{Abgänge im Berichtsjahr}}{\text{Belegschaft am Ende des Berichtsjahrs}} \times 100\,\%$$

Rechenbeispiel (T5)

$$\frac{650}{28.500} \times 100\,\% = 2{,}3\,\%$$

Erläuterung

Die Mitarbeiterfluktuation, also die »Anzahl der Mitarbeiter, die das Unternehmen in der vergangenen Geschäftsperiode verlassen haben insgesamt und als Prozentsatz«[16] ist ein zentrales Indiz für (Un-)Zufriedenheit in der Belegschaft, eine (un-)angenehme Unternehmenskultur oder auf einen grundlegenden Wandel in der Struktur der Kernaktivitäten der Organisation. Letzteres kann wiederum bedingt durch die Verlagerung von Produktionskapazitäten in andere Länder oder Regionen sein. Die Fluktuationsrate wirkt sich unmittelbar auf die Kosten aus, entweder durch geringere Personalkosten oder durch höhere Ausgaben für die Einstellung von neuen Mitarbeitern. Sie muss jedoch immer mit Branchenwerten verglichen werden, um aussagekräftige Interpretationen zu ermöglichen.

Für Interpretationen zur internen Zufriedenheit auf Basis der Fluktuationsrate ist eine bereinigte Fluktuationsrate besser geeignet – also eine Angabe ohne natürliche Austritte wie z.B. Pensionierung, Frühpensionierung, Erwerbsunfähigkeit, Tod etc. Damit werden ausschließlich arbeitgeber- und arbeitnehmerseitige Kündigungen erfasst.

Vorteile	Nachteile
• Bereits Element der Finanzberichterstattung	• Erklärungsbedarf bei Umstrukturierungs- und Change-Prozessen

[16] Es wird empfohlen, die Fluktuationsquote zudem aufgegliedert nach Altersgruppe, Geschlecht und Region zu berichten.

Stakeholder-Relevanz					
Kapitalmarkt	Gesellschaft	NGO	Medien	Politik	Mitarbeiter
hoch	mittel	mittel	mittel	mittel	hoch

4.8 Anteil der Mitarbeiter unter Kollektivvereinbarungen

Formel

$$\frac{\text{Gesamtmitarbeiterzahl unter Kollektivvereinbarung}}{\text{Gesamtmitarbeiterzahl}} \times 100\,\%$$

Rechenbeispiel (T7)

$$\frac{18.000}{28.500} \times 100\,\% = 63\,\%$$

Erläuterung

Der Prozentsatz der Mitarbeiter, die von Kollektivvereinbarungen erfasst sind, drückt aus, wie die Versammlungsfreiheit in der Organisation praktiziert wird. Die Vereinigungsfreiheit, die Bildung freier Gewerkschaften und die kollektive Interessensvertretung sind Rechte, die in den ILO-Kernarbeitsnormen festgeschrieben sind. Ein hoher Organisationsgrad steht i.d.R. für Stabilität, faire Sozialleistungen und verhindert Ausbeutung. Von Unternehmen wird erwartet, dass sie eine Gewerkschaftsbildung zumindest nicht behindern. Umstritten ist die Kennzahl auch in Unternehmen (z.B. familiengeführten), in denen eine Gewerkschaftsbildung möglich, aufgrund der guten Beziehungen zur Geschäftsleitung von den Mitarbeitern jedoch nicht gewollt ist.

Die Kennzahl erhält eine vertiefende Aussagekraft, wenn sie nach Ländern differenziert wird. Neben Ländern mit einem Großteil aller Mitarbeiter unter Kollektivvereinbarungen sind in manchen Staaten Gewerkschaften verboten. In wiederum anderen Ländern dürfen Mitarbeiter selber frei entscheiden, ob sie sich gewerkschaftlich vertreten lassen wollen. Ein geringer Prozentsatz kann daher, muss jedoch nicht zwingend negativ interpretiert werden.

Vorteile	Nachteile
• Dokumentation einer zentralen Anforderung an verantwortliches Handeln	• Interpretation länder- und unternehmensabhängig

Stakeholder-Relevanz					
Kapitalmarkt	Gesellschaft	NGO	Medien	Politik	Mitarbeiter
mittel	gering	hoch	gering	mittel	hoch

4.9 Anteil der Gesamtbelegschaft unter überwachten Arbeitsschutzprogrammen

Formel

$$\frac{\text{Mitarbeiterzahl in überwachten Arbeitsschutzprogrammen}}{\text{Gesamtmitarbeiterzahl}} \times 100\,\%$$

Rechenbeispiel (T7)

$$\frac{28.500}{28.500} \times 100\,\% = 100\,\%$$

Erläuterung

Ergonomische Arbeitsplätze und größtmögliche Sicherheitsvorkehrungen in Betriebsstätten sind Grunderwartungen an einen verantwortlichen Arbeitgeber. Hierfür eine Indikation zu geben, dient die Kennzahl »Anteil der Gesamtbelegschaft unter überwachten Arbeitsschutzprogrammen«.

Arbeitsschutzprogramme, die meist in paritätisch besetzten Arbeitsschutzausschüssen überwacht werden, sind Bestandteil einer positiven Arbeitsschutzkultur. Ausschüsse bieten eine Möglichkeit, die betroffenen Arbeiter in die weitere Verbesserung des Arbeitsschutzes und zur Optimierung der Sicherheits- und Gesundheitsbedingungen einzubeziehen. Bestandteil der Kennzahl ist zudem eine Angabe, auf welcher Ebene der formelle Arbeitgeber-Arbeitnehmer-Ausschuss für Arbeitssicherheit und Gesundheitsschutz typischerweise angesiedelt und tätig ist.

Vorteile	Nachteile
• Indikation über die Bedeutung des Arbeits- und Gesundheitsschutzes	• Nur indirekte Indikation über die Qualität des Arbeitsschutzes

Stakeholder-Relevanz					
Kapitalmarkt	Gesellschaft	NGO	Medien	Politik	Mitarbeiter
gering	gering	mittel	gering	mittel	hoch

4.10 Gesundheit – Verletzungsrate

Formel

$$\frac{\text{Gesamtzahl der Verletzungen}}{\text{Gesamtzahl der VZÄ}} \times 100$$

Rechenbeispiel (T7)

$$\frac{1.600}{28.500} \times 100 = 5{,}61 \text{ pro 100 VZÄ}$$

Erläuterung

Eine geringe Verletzungsrate (hier berechnet nach EFFAS als »Anzahl von Verletzungen im Verhältnis zu VZÄ«) deutet auf die Erfüllung der Sorgfaltspflichten des Unternehmens hin. Wenige Verletzungen und ein niedriger Krankenstand sind in der Regel mit positiven Trends bei der Arbeitsmoral, der Produktivität sowie der Vermeidung von Ausfallkosten verknüpft. Weitere Differenzierungen nach Geschlecht und Region belegen zudem die Anwendung hoher Arbeitsschutzstandards auch an internationalen Standorten. Umgekehrt formuliert: Geringe Produktionskosten werden nicht auf Kosten geringerer Arbeitsschutzstandards in anderen Ländern erzielt.

Vorteile	Nachteile
• Leicht nachvollziehbare Basis für potenzielle Verbesserungsinitiativen	• Verwendung von z. T. industriespezifischen Definitionen

Stakeholder-Relevanz					
Kapitalmarkt	Gesellschaft	NGO	Medien	Politik	Mitarbeiter
mittel	gering	gering	mittel	hoch	hoch

4.11 Gesundheit – Berufskrankheitsrate

Formel

$$\frac{\text{Gesamtzahl der Berufskrankheiten}}{\text{Gesamtzahl der gearbeiteten Stunden}} \times 200.000\ \text{h}$$[17]

Rechenbeispiel (T7)

$$\frac{1.140}{57.000.000\ \text{h}} \times 200.000 = 4 \text{ von } 100 \text{ MA}$$

Erläuterung

Die Berufskrankheitsrate, angegeben als Häufigkeit von Berufskrankheiten im Verhältnis zur Gesamtarbeitszeit der Gesamtbelegschaft während des Berichts zeitraums, dokumentiert diejenigen Krankheiten, die aus der Arbeitssituation oder der beruflichen Tätigkeit heraus entstehen, z. B. durch Stress oder infolge eines Arbeitsunfalls. Auch wenn Unternehmen nicht für jede Berufskrankheit verantwortlich zu machen sind, zeigt sie, ob die Organisation ihre Schutzpflichten wirksam erfüllt.

Ein differenzierender Ländervergleich liefert zusätzliche Erkenntnisse, z. B. hinsichtlich unterschiedlicher gesetzlicher Vorgaben. Inwieweit jedoch eine separate Betrachtung von Männern und Frauen notwendig ist, darf kritisch hinterfragt werden und sollte von der betrachteten Region abhängig gemacht werden, wenn diese im Ruf steht, Männer und Frauen ungeich zu behandeln.

Vorteile	Nachteile
• Leicht nachvollziehbare Basis für potenzielle Verbesserungsinitiativen	• Industriespezifische Definitionen • Verzerrung durch die unterstellte Wochenarbeitszeit • Interpretation je nach gesamtwirtschaftlicher Lage (Rate gering in Krisenzeiten)

[17] Der Faktor 200.000 ist abgeleitet von: 50 Arbeitswochen zu je 40 Stunden pro 100 Mitarbeiter. Damit bezieht sich die errechnete Rate auf die Anzahl der Mitarbeiter, nicht die Anzahl der Stunden.

Stakeholder-Relevanz					
Kapitalmarkt	Gesellschaft	NGO	Medien	Politik	Mitarbeiter
mittel	gering	mittel	mittel	hoch	hoch

4.12 Gesundheit – Ausfalltagequote

Formel

$$\frac{\text{Gesamtzahl der Ausfalltage}}{\text{Gesamtzahl der Arbeitstage der Belegschaft}} \times 100\,\%$$

Rechenbeispiel (T7)

$$\frac{170.000}{250 \times 28.500} \times 100\,\% = 2{,}4\,\%$$

Erläuterung

Die Ausfalltagequote (Lost day rate, LDR also – die Gesamtzahl der Fehlzeitentage zu Gesamtarbeitstagen, ggf. nach Region und Geschlecht) dokumentiert die zeitlich messbaren Auswirkungen von Arbeitsunfällen und Berufskrankheiten, die die betroffenen Mitarbeiter nicht zur Arbeit erscheinen lassen. Ausfalltage sind dadurch charakterisiert, dass der Arbeitnehmer wegen eines Arbeitsunfalls oder einer Berufskrankheit nicht seiner vertraglich vereinbarten Tätigkeit nachgehen kann (Wiedereingliederungstage zählen nicht zu Ausfalltagen).

Ein Regionenvergleich liefert zusätzliche Erkenntnisse, z. B. in Bezug auf unterschiedliche gesetzliche Vorgaben in verschiedenen Ländern). Inwieweit jedoch eine separate Betrachtung von Männern und Frauen notwendig ist (wie z. B. bei manchen Standards verlangt), darf durchaus kritisch hinterfragt werden und sollte von der betrachteten Region abhängig gemacht werden, wenn diese im Ruf steht, Männer und Frauen ungleich zu behandeln.

Vorteile	Nachteile
• Leicht nachvollziehbare Basis für potenzielle Verbesserungsinitiativen	• Verwendung von z. T. industriespezifischen Definitionen • Interpretation je nach gesamtwirtschaftlicher Lage (Quote gering in Krisenzeiten) • Verzerrung der Aussage bei großem Anteil Teilzeitbeschäftigter

Stakeholder-Relevanz					
Kapitalmarkt	Gesellschaft	NGO	Medien	Politik	Mitarbeiter
mittel	gering	mittel	mittel	hoch	hoch

4.13 Gesundheit – Abwesenheitsrate

Formel

$$\frac{\text{Gesamtzahl der Abwesenheitstage}}{\text{Gesamtzahl der Arbeitstage der Belegschaft}} \times 100\,\%$$

Rechenbeispiel (T7)

$$\frac{140.000}{250 \times 28.500} \times 100\,\% = 1{,}96\,\%$$

Erläuterung

Die Abwesenheitsrate (Absentee Rate, AR) dokumentiert die zeitlich messbare Abwesenheit des Mitarbeiters, die sich (im Gegensatz zur Ausfalltagequote) nicht auf betriebliche Arbeitsunfälle und Berufskrankheiten beschränkt – sprich darüber hinausgeht. Sie erfasst tatsächlich abwesende Tage im Verhältnis zu den insgesamt für die Belegschaft im selben Zeitraum vorgesehenen Arbeitstage. Genehmigte Abwesenheiten (Urlaub etc.) zählen nicht dazu. Da die Abwesenheit auch außerbetriebliche Gründe haben kann, sind Kennzahlen wie die Ausfalltagequote besser geeignet, eine Sorgfaltspflicht zu belegen.

Ein differenzierender Regionenvergleich liefert zusätzliche Erkenntnisse. Inwieweit jedoch eine separate Betrachtung von Männern und Frauen notwendig ist (wie z. B. bei manchen Standards verlangt), darf kritisch hinterfragt werden und sollte von der betrachteten Region abhängig gemacht werden, wenn diese im Ruf steht Männer und Frauen ungleich zu behandeln.

Vorteile	Nachteile
• Wichtiger Indikator, der Zusatzkosten hindeutet • Leicht nachvollziehbare Basis für potenzielle Verbesserungsinitiativen	• Abwesenheit kann auch außerbetriebliche Gründe haben – keine Indikation über unternehmerische Schutzpflicht • Verwendung von z.T. industriespezifische Definitionen

Stakeholder-Relevanz					
Kapitalmarkt	Gesellschaft	NGO	Medien	Politik	Mitarbeiter
mittel	gering	mittel	mittel	hoch	hoch

4.14 Betriebliche Todesfälle

Formel

$$\frac{\text{Gesamtzahl der Todesfälle}}{\text{Gesamtzahl der VZÄ}} \times 100\,\%$$

Rechenbeispiel (T7)

$$\frac{2}{28.500} \times 100\,\% = 0{,}007\,\%$$

Erläuterung

Die Anzahl der Todesfälle, gemessen an der Gesamtmitarbeiterzahl (VZÄ), zeigt wie die vorangegangenen Kennzahlen (wie Berufskrankheitsrate oder Ausfalltagequote), ob der Arbeitsschutz im Unternehmen wirkungsvoll umgesetzt ist. Keine oder eine geringe Anzahl an Todesfällen, die mit der Tätigkeit des Mitarbeiters im Unternehmen in direkter Verbindung stehen, sind in der Regel Ausdruck und Ergebnis eines insgesamt positiven Trend bei der Arbeitsmoral und der Produktivität verknüpft.

Ein differenzierender Regionenvergleich bei der Berufskrankheitsrate liefert zusätzliche Erkenntnisse, z. B. in Bezug auf unterschiedliche gesetzliche Vorgaben in verschiedenen Ländern. Inwieweit jedoch eine separate Betrachtung von Männern und Frauen notwendig ist (wie z. B. bei manchen Standards verlangt), darf durchaus kritisch hinterfragt werden, wenn diese im Ruf steht Männer und Frauen ungleich zu behandeln.

Vorteile	Nachteile
• Bereits im Geschäftsbericht dokumentiert • Leicht nachvollziehbare Basis für potenzielle Verbesserungsinitiativen	• Verwendung von z. T. industriespezifischen Definitionen

Stakeholder-Relevanz					
Kapitalmarkt	Gesellschaft	NGO	Medien	Politik	Mitarbeiter
mittel	gering	mittel	mittel	hoch	hoch

4.15 Anteil der nach ISO 45001 zertifizierten Produktionsstätten

Formel

$$\frac{\text{Anzahl nach ISO 45001 zertifizierter Produktionsstätten}}{\text{Gesamtanzahl der Produktionsstätten}} \times 100\,\%$$

Rechenbeispiel (T1)

$$\frac{15}{30} \times 100\,\% = 50\,\%$$

Erläuterung

Ein Managementsystem für den Arbeitsschutz dient dazu, betriebliche Arbeitsunfälle, arbeitsbedingte Verletzungen und Erkrankungen möglichst zu vermeiden sowie generell die Gesundheit der Beschäftigten am Arbeitsplatz zu schützen. Ein möglicher Standard für ein derartiges Arbeitsschutz-Managementsystem ist der ISO 45001 Standard (vormals OHSAS 18001). Mit seiner Hilfe soll Sicherheit und Gesundheitsschutz systematisch organisiert und das Bewusstsein der Mitarbeiter hierfür geschärft werden. Im Ergebnis werden so potenzielle Gefährdungen reduziert und die Arbeitsbedingungen für alle Mitarbeiter kontinuierlich verbessert. Mit einer Zertifizierung ihrer Produktionsstätten nach ISO 45001 belegen Unternehmen die hohe Priorität (mit Topmanagement-Unterstützung), die der Gesundheit und Arbeitssicherheit in den betrieblichen Abläufen eingeräumt wird.

Vorteile	Nachteile
• Kennzahl mit Bezug auf weltweit anerkannte Zertifizierungssysteme • Nachgefragter Indikator u. a. auch in Finanzmarktratings • Bedeutungsgewinn des Indikators in industriellen Transformationsprozessen	• Zertifizierungsaufwand hoch (Zeit und Geld)

Stakeholder-Relevanz					
Kapitalmarkt	Gesellschaft	NGO	Medien	Politik	Mitarbeiter
mittel	gering	hoch	gering	mittel	hoch

4.16 Mitarbeiter Aus- und Weiterbildung – Stunden

Formel

$$\frac{\text{Gesamtstundenzahl Aus- und Weiterbildung Männer}}{\text{Gesamtmitarbeiterzahl Männer}}$$

Rechenbeispiel (T7)

$$\frac{200.000}{21.500} = 9{,}3 \text{ Std/MA}$$

Erläuterung

Eine hoch qualifizierte Belegschaft wird vielfach als das wichtigste Kapital der Unternehmung angesehen. Diesen hohen Qualifizierungsgrad zu erhalten oder gar zu erhöhen, wird assoziiert mit entsprechenden Schulungen, die die Wissensbasis der Mitarbeiter erweitern und somit wesentlich zur Entwicklung der Organisation beitragen. Insbesondere die Digitalisierung oder die Transformation ganzer Industrien verlangt eine kontinuierliche Investition in die Qualifikation der Belegschaft. Die mit Stunden bezifferte Aus- und Weiterbildung, gemessen als »durchschnittliche jährliche Stundenzahl pro Jahr pro Mitarbeiter, die der Mitarbeiter aus- oder weitergebildet wurde, nach Geschlecht und Mitarbeiterkategorie« liefert eine Indikation über den Umfang der hierfür geleisteten Investitionen. Zum Vergleich können auch die Gesamtausgaben herangezogen werden (siehe Abschnitt 4.17). Eine Differenzierung nach Geschlecht verdeutlicht zudem, in welchem Ausmaß die Investitionen die gesamte Belegschaft betreffen. Aufgrund der auch medial umfänglich geführten Diskussion über berufliche Chancengleichheit von Männern und Frauen ist die Veröffentlichung der Kennzahl in dieser Differenzierung durchaus sinnvoll.

Vorteile	Nachteile
• Aus- und Weiterbildung wird als zentraler kritischer Erfolgsfaktor angesehen	• Reine Stundenzahl sagt noch nichts über Qualität und inhaltliche Schwerpunkte der Schulungen aus

Stakeholder-Relevanz					
Kapitalmarkt	Gesellschaft	NGO	Medien	Politik	Mitarbeiter
mittel	mittel	mittel	gering	hoch	hoch

4.17 Mitarbeiter Aus- und Weiterbildung – Ausgaben

Formel

$$\frac{\text{Gesamtausgaben für Weiterbildung}}{\text{Gesamtmitarbeiterzahl}}$$

Rechenbeispiel (T7)

$$\frac{12.200.000\ €}{28.500\ \text{MA}} = 428{,}07\ €/\text{MA}$$

Erläuterung

Eine hoch qualifizierte Belegschaft wird vielfach als das wichtigste Kapital der Unternehmung angesehen. Diesen hohen Qualifizierungsgrad zu erhalten oder gar zu erhöhen, wird assoziiert mit entsprechenden Schulungen, die die Wissensbasis der Mitarbeiter erweitert und somit wesentlich zur Entwicklung der Organisation beiträgt. Insbesondere die Digitalisierung oder die Transformation ganzer Industrien verlangt eine kontinuierliche Investition in die Qualifikation der Belegschaft. Die hier mit Gesamtausgaben bezifferte Aus- und Weiterbildung, hier als »durchschnittliche Ausgaben für Weiterbildung pro VZÄ pro Jahr« (vgl. zur Messung mit Stunden 4.16), liefert eine Indikation über den Umfang hierfür geleisteten Investitionen. Eine Differenzierung nach Geschlecht verdeutlicht zudem, in welchem Ausmaß die Investitionen die gesamte Belegschaft betreffen. Aufgrund der, auch medial umfänglich geführten Diskussion über berufliche Chancengleichheit von Männern und Frauen ist die Veröffentlichung des Indikators in dieser Differenzierung durchaus bedeutsam.

Vorteile	Nachteile
• Aus- und Weiterbildung wird als zentraler kritischer Erfolgsfaktor angesehen	• Reine monetäre Angabe sagt noch nichts über Qualität und inhaltliche Schwerpunkte der Schulungen aus

Stakeholder-Relevanz					
Kapitalmarkt	Gesellschaft	NGO	Medien	Politik	Mitarbeiter
mittel	mittel	mittel	gering	hoch	hoch

4.18 Mitarbeiter – Leistungsbeurteilung

Formel

$$\frac{\text{Gesamtzahl Männer mit Leistungsbeurteilung und Entwicklungsplanung}}{\text{Gesamtmitarbeiterzahl Männer}} \times 100\,\%$$

Rechenbeispiel (T7)

$$\frac{20.500}{23.500} \times 100\,\% = 87{,}23\,\%$$

Erläuterung

Die Bewertung der Leistung des Arbeitnehmers auf der Grundlage gemeinsamer Ziele hilft bei der Personalentwicklung einzelner Arbeitnehmer und trägt sowohl zum Wissensmanagement als auch zur Organisationsentwicklung bei. Auch die Mitarbeiterzufriedenheit kann hierdurch gesteigert werden.

Der »Prozentsatz der Mitarbeiter, die eine regelmäßige Beurteilung ihrer Leistung und ihrer Karrierentwicklung erhalten, nach Geschlecht und Mitarbeiterkategorie« belegt indirekt, wie die berichtende Organisation die Fähigkeiten seiner Arbeitnehmer erfasst und entsprechend entwickelt.[17] Der Prozentsatz der Mitarbeiter, deren Leistung und Laufbahnentwicklung regelmäßig bewertet werden, aufgeschlüsselt nach Geschlecht, zeigt, inwieweit dieses System in der gesamten Organisation geschlechterunabhängig angewendet wird. Angemerkt sei jedoch auch, dass Entwicklungsgespräche alleine – ohne wirkliche Entwicklungsperspektive – auch kontraproduktiv und eher frustrierend für die Mitarbeiter wirken.

Vorteile	Nachteile
• Indikator für die Option, ESG-Leistung als Anreiz in der Zielvereinbarung zu hinterlegen	• Leistungsbeurteilungen alleine sind noch kein Qualitätsmerkmal

17 Beispielberechnung erfolgt hier exemplarisch an der Mitarbeitergruppe »Männer« und muss bei tatsächlichen Unternehmensbewertungen auch für Frauen durchgeführt werden.

Stakeholder-Relevanz					
Kapitalmarkt	Gesellschaft	NGO	Medien	Politik	Mitarbeiter
mittel	mittel	mittel	gering	mittel	hoch

4.19 Anteil variabler Vergütungsbestandteile an der Gesamtvergütung

Formel

$$\frac{\text{Wert des variablen Vergütungsbestandteils (nach Mitarbeiterkategorie)}}{\text{Gesamtvergütung (je Mitarbeiterkategorie)}} \times 100$$

Rechenbeispiel (T7)

$$\frac{2{,}4 \text{ Mio. €}}{4 \text{ Mio. €}} \times 100 = 60\,\%$$

Erläuterung

Um Führungskräfte und Mitarbeiter leistungsorientiert zu vergüten, sind variable Lohnbestandteile heute fester Bestandteil der Vergütungspolitik. Während hierfür bei Führungskräften von leistungsorientierter Vergütung, Provisionen oder Boni gesprochen wird, sind dies bei gewerblichen Arbeitsplätzen spezifisch definierte Leistungsentgelte. Variable Gehaltsbestandteile dienen vornehmlich dazu, Mitarbeitern finanzielle Anreize zu setzen, sich für die Unternehmensziele verstärkt einzusetzen.

In der Regel werden variable Vergütungskomponenten an der Erreichung finanzieller, qualitativer oder persönlicher Ziele festgemacht. Dabei ist es gerade bei ESG-Zielen, die sich zum Beispiel auf weiche Faktoren wie Kommunikation oder Reputation beziehen, häufig schwierig, messbare Ziele zu formulieren.

Vorteile	Nachteile
• Dokumentation variabler Lohnbestandteile in der Vergütungspolitik	• Kernproblem der leistungsorientieren Vergütung: geeignete, messbare Ziele • ESG- und Nachhaltigkeitsziele häufig qualitativ beschrieben

Stakeholder-Relevanz					
Kapitalmarkt	Gesellschaft	NGO	Medien	Politik	Mitarbeiter
hoch	mittel	mittel	mittel	mittel	hoch

4.20 Verhältnis Grundgehalt von Männern zu Frauen

Formel

$$\left(1 - \frac{\text{Durchschnittlicher Bruttolohn / Stunde, Männer}}{\text{Durchschnittlicher Bruttolohn / Stunde, Frauen}}\right) \times 100\,\%$$

Rechenbeispiel (T6)

$$\left(1 - \frac{15{,}20\ €}{19{,}60\ €}\right) \times 100\,\% = 22\,\%$$

Erläuterung

Männer werden noch immer besser bezahlt als Frauen. Unter dieser Prämisse versucht die Kennzahl »Verhältnis Grundgehalt von Männern zu Frauen« die Situation im berichtenden Unternehmen transparent zu machen. Viele Länder haben Gesetze eingeführt, um den Grundsatz des gleichen Entgelts für gleichwertige Arbeit durchzusetzen. Dies ist nicht nur ethisch korrekt, sondern auch ein Faktor, um qualifizierte Arbeitskräfte – Männer wie Frauen – an die Organisation zu binden.

Studien hierzu belegen, dass Bruttostundenverdienste der Geschlechter z. T. über 20 % auseinanderliegen. Kritiker bemängeln jedoch, dass dabei die Berufserfahrung, das Alter, die Branche und die Tätigkeit nicht entsprechend berücksichtigt würden. So bestehen zu Beginn des Erwerbslebens kaum Unterschiede, während sich die Entgeltlücke zwischen rund 25 und 40 Jahren vergrößert.

Vorteile	Nachteile
• Leicht verständliche, nachvollziehbare Kennzahl	• Hoher Interpretationsbedarf der Ergebnisse

Stakeholder-Relevanz					
Kapitalmarkt	Gesellschaft	NGO	Medien	Politik	Mitarbeiter
gering	gering	hoch	mittel	hoch	hoch

4.21 Rückkehrrate nach Erziehungsurlaub

Formel

$$\frac{\text{Gesamtzahl der nach Erziehungsurlaub zurückgekehrten Männer}}{\text{Gesamtzahl Männer, die Erziehungsurlaub genommen haben}} \times 100\,\%$$

Rechenbeispiel (T5)

$$\frac{280}{312} \times 100\,\% = 89{,}74\,\%$$

Erläuterung

Der Indikator »Rückkehrrate nach Erziehungsurlaub« verdeutlicht, ob und wie gut es einem Unternehmen gelingt, Mütter oder Väter nach dem Erziehungsurlaub wieder zurück ins Unternehmen zu holen – ihnen also ein attraktives Angebot zur Vereinbarkeit von Familie und Beruf zu machen.[18] Das Ziel, eine hohe Rückkehrrate zu erreichen, ist besonders für Unternehmen mit hohem Spezialisierungsgrad relevant, da ansonsten hohe Ausbildungs- und Qualifizierungsaufwendungen für neu anzulernende Mitarbeiter anfallen.

Vorteile	**Nachteile**
• Wichtige Unternehmensaussage zu einem gesellschaftlichen Trend	• Nur indirekte Aussagekraft über eine Vereinbarkeit von Familie und Beruf

[18] Beispielberechnung erfolgt hier exemplarisch an der Mitarbeitergruppe »Männer« und muss bei tatsächlichen Unternehmensbewertungen auch für Frauen durchgeführt werden.

Stakeholder-Relevanz					
Kapitalmarkt	Gesellschaft	NGO	Medien	Politik	Mitarbeiter
gering	mittel	gering	mittel	hoch	hoch

4.22 Verweilrate nach Erziehungsurlaub

Formel

$$\frac{\text{Gesamtzahl zurückgekehrter Männer (12 Monate später noch dort)}^{19}}{\text{Gesamtzahl der aus dem Erziehungsurlaub zurückgekehrten Männer}} \times 100\,\%$$

Rechenbeispiel (T5)

$$\frac{272}{280} \times 100\,\% = 97{,}14\,\%$$

Erläuterung

Die Kennzahl »Verweilrate nach Erziehungsurlaub« verdeutlicht, ob und wie gut es einem Unternehmen gelingt, Mütter oder Väter nach dem Erziehungsurlaub wieder zurück ins Unternehmen zu holen und sie auch hier zu halten – ihnen also ein attraktives Angebot zur Vereinbarkeit von Familie und Beruf zu machen. Das Ziel einer hohen Verweilrate ist besonders für Unternehmen mit hohem Spezialisierungsgrad relevant, da ansonsten hohe Ausbildungs- und Qualifizierungsaufwendungen für neu anzulernende Mitarbeiter anfallen.

Vorteile	Nachteile
• Wichtige Unternehmensaussage zu einem gesellschaftlichen Trend	• Nur indirekte Aussagekraft über eine Vereinbarkeit von Familie und Beruf

[19] Beispielberechnung erfolgt hier exemplarisch für Männer und sollte auch für Frauen durchgeführt werden.

Stakeholder-Relevanz					
Kapitalmarkt	Gesellschaft	NGO	Medien	Politik	Mitarbeiter
gering	mittel	gering	mittel	hoch	hoch

4.23 Anteil der Mitarbeiter abgedeckt durch ein Gesundheits- und Sicherheitssystem

Formel

$$\frac{\text{Anzahl Mitarbeiter abgedeckt durch Gesundheits-/Sicherheitssystem}}{\text{Gesamtzahl der Mitarbeiter}} \times 100\,\%$$

Rechenbeispiel (T7)

$$\frac{28.500}{28.500} \times 100\,\% = 100\,\%$$

Erläuterung

Ein Arbeitsschutzmanagementsystem dient dazu, betriebliche Arbeitsunfälle, arbeitsbedingte Verletzungen und Erkrankungen möglichst im Vorhinein zu vermeiden sowie generell die Gesundheit der Beschäftigten am Arbeitsplatz zu schützen. Ein möglicher Standard für ein derartiges Arbeitsschutz-Managementsystem ist der ISO 45001 Standard.

Mit einer großen Abdeckung der Mitarbeiter durch ein Gesundheits- und Sicherheitssystem belegen Unternehmen die hohe Priorität, die der Gesundheit und Arbeitssicherheit in den betrieblichen Abläufen eingeräumt wird. Von besonderer Relevanz ist hierbei, ob solche Systeme auch an den internationalen Standorten (v.a. in Schwellen- und Entwicklungsländern) umgesetzt werden.

Vorteile	Nachteile
• Kennzahl mit Bezug auf weltweit anerkannte Zertifizierungssysteme	• Zertifizierungsaufwand hoch (Zeit und Geld)

Stakeholder-Relevanz					
Kapitalmarkt	Gesellschaft	NGO	Medien	Politik	Mitarbeiter
hoch	gering	hoch	gering	mittel	hoch

4.24 Mitarbeiteranteil unter bindenden Arbeitsbedingungen

Formel

$$\frac{\text{Mitarbeiter unter unternehmerisch bindenden Arbeitsbedingungen}}{\text{Gesamtzahl der Mitarbeiter}} \times 100\,\%$$

Rechenbeispiel (T5)

$$\frac{28.500}{28.500} \times 100 = 100\,\%$$

Erläuterung

Der »Mitarbeiteranteil unter bindenden Arbeitsbedingungen« ist in der Verantwortungsdebatte von Unternehmen gegenüber deren Belegschaft eine zentrale Fragestellung.

Mit einer großen Abdeckung der Mitarbeiter hinsichtlich der Anforderungen an Arbeitsbedingungen (insbesondere ILO-Konventionen wie der »Erklärung zu den Grundprinzipien und Grundrechten am Arbeitsplatz«) belegen Unternehmen die hohe Bedeutung dieses ESG-Schwerpunktes. Von besonderer Relevanz ist hierbei, ob solche Systeme auch an den internationalen Standorten (v. a. in Schwellen- und Entwicklungsländern) umgesetzt werden. Interessierte Stakeholder wollen mit dieser Kennzahl ausschließen, dass am Heimatstandort zwar hohe Anforderungen umgesetzt werden, nicht aber an den internationalen Standorten des Unternehmens. Potenzielle Kostenvorteile auf der Personalseite sollen demnach nicht das Ergebnis von Produktionsverlagerungen in Billiglohnländer mit menschenunwürdigen Arbeitsbedingungen realisiert werden.

Vorteile	Nachteile
• Dokumentation eines hohen Standards an Arbeitsbedingungen – auch an internationalen Standorten	• Ein Wert ungleich 100 löst Fragen aus, ob Sozialstandards an internationalen Standorten unterlaufen werden

Stakeholder-Relevanz					
Kapitalmarkt	Gesellschaft	NGO	Medien	Politik	Mitarbeiter
mittel	hoch	hoch	mittel	hoch	hoch

4.25 Anteil der Produktionsstätten mit lokaler gewerkschaftlicher Vertretung

Formel

$$\frac{\text{Anzahl Produktionsstätten mit lokaler gewerkschaftlicher Vertretung}}{\text{Gesamtzahl der Produktionsstätten}} \times 100\,\%$$

Rechenbeispiel (T7)

$$\frac{25}{30} \times 100\,\% = 83\,\%$$

Erläuterung

Der Anteil der Produktionsstätten mit lokaler gewerkschaftlicher Vertretung drückt aus, wie die Versammlungsfreiheit in der Organisation praktiziert wird. Das Recht auf kollektive Interessensvertretung ist in den ILO festgeschrieben. Ein hoher Organisationsgrad steht i.d.R. für Stabilität, faire Sozialleistungen und verhindert Ausbeutung. Von Unternehmen wird erwartet, dass sie eine Gewerkschaftsbildung zumindest nicht aktiv behindern. Ob sie sie fördern sollten, wird kontrovers diskutiert. Umstritten ist der Indikator auch in Unternehmen (z.B. familiengeführten), in denen eine Gewerkschaftsbildung möglich, aufgrund der guten Beziehungen zur Geschäftsleitung von den Mitarbeitern jedoch nicht gewollt ist.

Die Kennzahl erhält eine vertiefende Aussagekraft, wenn sie nach Ländern differenziert wird. Neben Ländern mit einem Großteil aller Mitarbeiter unter Kollektivvereinbarungen sind in manchen Staaten Gewerkschaften verboten. In wiederum anderen Ländern dürfen Mitarbeiter selber frei entscheiden, ob sie sich gewerkschaftlich vertreten lassen wollen. Ein geringer Anteil kann daher, muss jedoch nicht zwingend negativ interpretiert werden.

Vorteile	Nachteile
• Dokumentation einer zentralen Anforderung an verantwortliches Handeln	• Interpretation länder- und unternehmensabhängig

Stakeholder-Relevanz					
Kapitalmarkt	Gesellschaft	NGO	Medien	Politik	Mitarbeiter
mittel	gering	mittel	gering	mittel	hoch

4.26 Mitarbeiterzufriedenheit

Formel

$$\frac{\text{Anzahl der Mitarbeiter mit hoher Zufriedenheit}}{\text{Gesamtzahl der Mitarbeiter}} \times 100\,\%$$

Rechenbeispiel (T5)

$$\frac{16.000}{28.500} \times 100\,\% = 56\,\%$$

Erläuterung

Der in einer Mitarbeiterbefragung identifizierte Anteil an zufriedenen/engagierten Mitarbeitern in der Gesamtbelegschaft (häufig auch berechnet in Indexform, dem Employee-Committment-Index) zeigt, ob und wie gut es einem Unternehmen gelingt, die eigenen Mitarbeiter für die Erreichung seiner Ziele zu gewinnen. Ebenso wird das Feedback der Mitarbeiter zu Managemententscheidungen strukturiert erfasst.

Damit ist die so ermittelte Mitarbeiterzufriedenheit ein wichtiges Element des strategischen Personal- und Führungsinstrumentariums eines Unternehmens und gibt Auskunft, wie engagiert sich die Mitarbeiter für das eigene Unternehmen und seine strategischen Ziele einsetzen.

Vorteile	Nachteile
• Kennzahl zur Unterstützung des strategischen Personalmanagements • Zunehmend weite Verbreitung	• Aussagekraft abhängig von Art und Qualität der Befragung • Ggf. Überlagerung langfristiger Committments durch situative Effekte

Stakeholder-Relevanz					
Kapitalmarkt	Gesellschaft	NGO	Medien	Politik	Mitarbeiter
hoch	mittel	hoch	mittel	mittel	hoch

4.27 Anteil Mitarbeiter mit flexiblen Arbeitszeitmodellen

Formel

$$\frac{\text{Anzahl Mitarbeiter mit flexiblen Arbeitszeitmodellen}}{\text{Gesamtzahl der Mitarbeiter}} \times 100\,\%$$

Rechenbeispiel (T7)

$$\frac{3.000}{28.500} \times 100\,\% = 10{,}5\,\%$$

Erläuterung

Teilzeitverträge, Heimarbeitsplätze, mobile Arbeitsplätze, Work on Demand (basierend auf vordefinierten Zeitbudgets) etc. – all diese flexiblen Arbeitszeitlösungen zeichnen sich dadurch aus, dass Ort und Dauer der Arbeitszeit täglich, wöchentlich oder monatlich von der Normalarbeitszeit abweicht. Inwieweit solch flexible Arbeitszeitmodelle im Unternehmen gewollt und gewünscht sind, hängt von vielen Faktoren ab. Hierzu zählen z. B. die hergestellten Produkte oder Dienstleistungen, die Art der Tätigkeit, technische Voraussetzungen oder die Unternehmenskultur. Dennoch unterstützen vor allem die neuen Kommunikationsmedien das Bemühen um eine zunehmend bessere Vereinbarkeit von Beruf und Familie oder die Förderung von Frauen den Trend flexibler Arbeitszeitmodelle. Die Corona-Pandemie hat zudem zu einer gängigen Verbreitung von mobilem Arbeiten in vielen Unternehmen geführt - ein Trend der auch nach der Pandemie nicht völlig umgekehrt werden wird. Die Kennzahl »Anteil Mitarbeiter mit flexiblen Arbeitszeitmodellen« dokumentiert den Einsatz dieser Instrumente.

Vorteile	Nachteile
• Kennzahl für Trend mit wachsender Bedeutung • Bedeutungsgewinn des Indikators aufgrund des erhöhten Anteils an mobilem Arbeiten während der Corona-Pandemie	• Aussagekraft nur im industrie-branchenspezifischen Vergleich

Stakeholder-Relevanz					
Kapitalmarkt	Gesellschaft	NGO	Medien	Politik	Mitarbeiter
mittel	hoch	mittel	mittel	hoch	hoch

4.28 Anteil von Mitarbeitern mit Behinderung

Formel

$$\frac{\text{Anzahl Mitarbeiter mit Behinderung}}{\text{Gesamtmitarbeiterzahl}} \times 100\,\%$$

Rechenbeispiel (T5)

$$\frac{1.600}{28.500} \times 100\,\% = 5{,}6\,\%$$

Erläuterung

Die Integration von Menschen mit Behinderung in das Wirtschaftsleben ist gleichermaßen politisches Ziel wie auch Ausdruck einer gesellschaftlichen Verantwortung von Unternehmen. Behinderung bezeichnet dabei eine dauerhafte und gravierende Beeinträchtigung der gesellschaftlichen und wirtschaftlichen Teilhabe. Diese kann aufgrund von sozialen oder anderen Barrieren oder physisch, körperlicher Eigenschaften der behinderten Person entstehen, welche die Überwindung der Barrieren erschweren oder unmöglich machen. Seit 2001 schreibt der Gesetzgeber in Deutschland einen Anteil von 5 % von Mitarbeitern mit Behinderung für Firmen ab 20 Beschäftigten vor. Unternehmen, welche diese Anforderung unterschreiten, müssen an die Integrationsämter eine monatliche Ausgleichsabgabe pro nicht besetzten Arbeitsplatz bezahlen. Umgekehrt erhalten Unternehmen, die Menschen mit Behinderung beschäftigen, aus den Mitteln der Ausgleichsabgabe Hilfen in Form von Beratung, begleitenden Diensten oder Zuschüssen.

Vorteile	**Nachteile**
• Kennzahl zur Erfüllung gesetzlicher Vorgaben (Pflichtangabe) • Förderung von Menschen mit Behinderung wird als wichtige soziale Verantwortung angesehen	• Unterschreiten des 5 %-Werts wird häufig als »Freikaufen« von einer gesellschaftlichen Verantwortung kritisiert

Stakeholder-Relevanz					
Kapitalmarkt	Gesellschaft	NGO	Medien	Politik	Mitarbeiter
mittel	mittel	mittel	mittel	hoch	hoch

4.29 Ausbildungsquote

Formel

$$\frac{\text{Anzahl aller Auszubildenden + duale Hochschüler}}{\text{Gesamtbelegschaft}} \times 100\,\%$$

Rechenbeispiel (T1)

$$\frac{2.000}{28.500} \times 100\,\% = 7\,\%$$

Erläuterung

Die Ausbildungsquote gibt den Anteil an Auszubildenden in einem Unternehmen in Prozent an. Die Ausbildungsquote ist ein Indikator dafür, welchen Stellenwert die betriebliche Ausbildung hat und wie der Bedarf für einen Ausbau der betrieblichen Ausbildung für die zukünftige Sicherung des Fachkräftebedarfs im Betrieb eingeschätzt wird. Die Ausbildungsquote entspricht dem prozentualen Anteil der Auszubildenden sowie der Schüler an dualen Hochschulen an der Gesamtbelegschaft zum Jahresende.

Die Ausbildung von jungen Menschen wird (auch gesamtgesellschaftlich) als eine zentrale Verantwortung des unternehmerischen Handelns angesehen. Vor diesem Hintergrund wird die Ausbildungsquote häufig auch im politischen Kontext bzw. in Tarifauseinandersetzungen zwischen Unternehmen und Gewerkschaften als Verhandlungskomponente integriert.

Vorteile	Nachteile
• Zentrale Kennzahl für Unternehmen, Politik und Gewerkschaften (mit unterschiedlichen Zielsetzungen) • Strategische Steuerungskennzahl	• Politisch aufgeladene Kennzahl

Stakeholder-Relevanz					
Kapitalmarkt	Gesellschaft	NGO	Medien	Politik	Mitarbeiter
mittel	hoch	mittel	hoch	hoch	hoch

4.30 Übernahmequote der Auszubildenden

Formel

$$\frac{\text{Anzahl übernommener Auszubildende}}{\text{Anzahl Auszubildender mit erfolgreich abgeschlossener Berufsausbildung}} \times 100\,\%$$

Rechenbeispiel (T5)

$$\frac{1.900}{2.200} \times 100\,\% = 86\,\%$$

Erläuterung

In Ergänzung zur Ausbildungsquote gibt die Übernahmequote den Anteil aller Auszubildenden in einem Unternehmen in Prozent an, die nach Abschluss ihrer Berufsausbildung (Lehre oder duales Hochschulstudium) vom Unternehmen übernommen werden. Dabei werden sowohl die Übernahmen in ein befristetes als auch unbefristetes Arbeitsverhältnis berücksichtigt.

Die Übernahmequote ist, wie die Ausbildungsquote auch, ein Indikator, welchen Stellenwert die betriebliche Ausbildung hat und wie der Bedarf für einen Ausbau der betrieblichen Ausbildung für die zukünftige Sicherung des Fachkräftebedarfs im Betrieb eingeschätzt wird.

Die Ausbildung von jungen Menschen wird (auch gesamtgesellschaftlich) als eine zentrale Verantwortung des unternehmerischen Handelns angesehen. Vor diesem Hintergrund wird die Ausbildungsquote häufig auch im politischen Kontext bzw. in Tarifauseinandersetzungen zwischen Unternehmen und Gewerkschaften als Verhandlungskomponente integriert.

Vorteile	Nachteile
• Zentrale Kennzahl für Unternehmen, Politik und Gewerkschaften (mit unterschiedlichen Zielsetzungen) • Strategische Steuerungskennzahl	• Politisch aufgeladene Kennzahl

Stakeholder-Relevanz					
Kapitalmarkt	Gesellschaft	NGO	Medien	Politik	Mitarbeiter
mittel	hoch	mittel	hoch	hoch	hoch

Kapitel 5

Gesellschaftliche SRI-Kennzahlen – Menschenrechte

5.1 Menschenrechte – geprüfte Geschäftsstandorte

Formel

$$\frac{\text{Gesamtzahl zu Menschenrechten geprüfte Geschäftsstandorte Land A}}{\text{Gesamtzahl aller Geschäftsstandorte Land A}} \times 100\,\%$$

Rechenbeispiel (T8)

$$\frac{2}{5} \times 100\,\% = 40\,\%$$

Erläuterung

Die Einhaltung von Menschenrechten im eigenen Einflussbereich ist ein »muss«, um schwere Reputations- und finanzielle Schäden zu vermeiden. Die »UN-Leitprinzipien für Wirtschaft und Menschenrechte« weisen Unternehmen hier ausdrücklich eine verantwortliche Rolle zu, welche in Deutschland mit dem Lieferkettensorgfaltspflichtengesetz ab 2023 zudem bindend ist für Unternehmen ab einer bestimmten Größe. Eine sorgfältige Due Diligence – ein sog. Human Rights Impact Assessment – ist ein zentraler ESG-Indikator. Denn die Geschäftstätigkeiten können positive und negative Auswirkungen (Impact) haben. Zu differenzieren sind hierbei Geschäftsstandorte in Mehrheits- und Minderheitsbeteiligung – jeweils mit einem unterschiedlichen Grad der Einflussmöglichkeit. Um den Fokus auf potenziell risikobehaftete Standorte zu legen (und den Arbeitsaufwand vertretbar zu gestalten), kann die Gesamtzahl im Nenner auf diese eingegrenzt werden. Der Prozentsatz der Geschäftsstandorte, die im Hinblick auf Menschenrechte oder menschenrechtliche Auswirkungen geprüft wurden, verdeutlicht auch, inwieweit Menschenrechte bei operativen Entscheidungen berücksichtigt werden (einschließlich Komplizenschaft).

Vorteile	Nachteile
• Zentrale Anforderung der UN Guiding Principles	• Unternehmensspezifischer Prüfprozess • Derzeit noch kein standardisiertes Prüfverfahren verfügbar

Stakeholder-Relevanz					
Kapitalmarkt	Gesellschaft	NGO	Medien	Politik	Mitarbeiter
hoch	gering	hoch	mittel	hoch	mittel

5.2 Menschenrechte – Rate auditierter kritischer Rohstoffketten

Formel

$$\frac{\text{Gesamtzahl zu Menschenrechten geprüfte kritischer Rohstoffketten}}{\text{Gesamtzahl aller kritischen Rohstoffketten}} \times 100\,\%$$

Rechenbeispiel (T8)

$$\frac{2}{10} \times 100\,\% = 20\,\%$$

Erläuterung

Die Einhaltung von Menschenrechten im eigenen Einflussbereich ist ein »muss« und zentrales Element des Nachhaltigkeitsmanagements, um schwere Reputations- und finanzielle Schäden zu vermeiden. Die »UN-Leitprinzipien für Wirtschaft und Menschenrechte« weisen Unternehmen hier ausdrücklich eine verantwortliche Rolle zu, welche in Deutschland mit dem Lieferkettensorgfaltspflichtengesetz ab 2023 zudem bindend ist für Unternehmen ab einer bestimmten Größe. Eine sorgfältige Due Diligence zu menschenrechtlich kritischen Rohstoffen (z.B. Kobalt wegen der Gefahr von Kinderarbeit oder Lithium wegen den Folgen für Ureinwohner) ist ein zentraler ESG-Indikator. Denn das Lieferkettengesetz weist Unternehmen bei substanziierter Kenntnis über Missstände in der tieferen Lieferkette eine Bemühenspflicht für diese kritischen Rohmaterial-Ketten zu. Der Prozentsatz der untersuchten bzw. auditierten Rohmaterialketten verdeutlicht, dass das Unternehmen seine menschenrechtlichen Risiken kennt und potentiellen Verletzungen vorbeugt bzw. nachgeht.

Vorteile	Nachteile
• Zentrale Anforderung der UN-Guiding Principles und des deutschen Lieferkettengesetzes • Klare Eingrenzung auf die für das Unternehmen potenziell kritischen Rohstoffe	• Unternehmensspezifischer Prüfprozess • Hoher Aufwand für Analyse und hierauf basierende Auditierung

Stakeholder-Relevanz					
Kapitalmarkt	Gesellschaft	NGO	Medien	Politik	Mitarbeiter
hoch	mittel	hoch	hoch	hoch	mittel

5.3 Menschenrechte – Anteil geschulter Mitarbeiter

Formel

$$\frac{\text{Gesamtzahl der zu Menschenrechten geschulten Mitarbeiter}}{\text{Gesamtmitarbeiterzahl}} \times 100\,\%$$

Rechenbeispiel (T8)

$$\frac{20.350}{28.500} \times 100\,\% = 71{,}4\,\%$$

Erläuterung

Die Einhaltung von Menschenrechten im eigenen Einflussbereich ist ein »muss« und zentrales Element des Nachhaltigkeitsmanagements, um schwere Reputations- und finanzielle Schäden zu vermeiden. Die »UN-Leitprinzipien für Wirtschaft und Menschenrechte« weisen Unternehmen hier ausdrücklich eine verantwortliche Rolle zu, welche in Deutschland mit dem Lieferkettensorgfaltspflichtengesetz ab 2023 zudem bindend ist für Unternehmen ab einer bestimmten Größe. Der Prozentsatz der zu Menschenrechten geschulten Mitarbeiter an der Gesamtbelegschaft zeigt auf, wie engagiert die Organisation ist, Menschenrechte im Werte-Set ihrer Mitarbeiter fest zu verankern. Mitarbeiter werden so in die Lage versetzt, Menschrechtsgesichtspunkte bei ihrer täglichen Arbeit zu berücksichtigen und dadurch ethisch korrektes Handeln sicherzustellen. Darüber hinaus wird juristisches und reputationsschädliches Fehlverhalten vermieden. Dabei ist die Verankerung von Menschenrechten in internen Richtlinien und die Schulung der Mitarbeiter hierauf allerdings nur das erste (wichtige) Element. Ein hierauf aufbauendes Risikomanagement ist der notwendige nächste Schritt. Manche Standards empfehlen ergänzend, diese ESG-Kennzahl ausdrücklich für das interne (und externe) Sicherheitspersonal anzuwenden, da diesen in Sachen Menschenrechtsverletzungen eine besondere Gefährdung zugeschrieben wird.

Vorteile	Nachteile
• Dokumentation als Grundvoraussetzung für die wirkungsvolle Achtung von Menschenrechten	• Anzahl der geschulten Mitarbeiter selber ist keine Aussage über Qualität der Schulung

Stakeholder-Relevanz					
Kapitalmarkt	Gesellschaft	NGO	Medien	Politik	Mitarbeiter
mittel	gering	hoch	mittel	mittel	mittel

5.4 Menschenrechte – Rate geprüfter Zulieferer und Partner

Formel

$$\frac{\text{Gesamtzahl der Einrichtungen, die SA 8000 zertifiziert sind}}{\text{Gesamtzahl Zulieferer, Vertrags- und Geschäftspartner}} \times 100\,\%$$

Rechenbeispiel (T8)

$$\frac{80}{954} \times 100\,\% = 8{,}4\,\%$$

Erläuterung

Die Einhaltung von Menschenrechten schließt neben eigenen Betriebsstätten auch Zulieferer, Vertrags- und Geschäftspartner mit ein, um schwere Reputations- und finanzielle Schäden zu vermeiden. Die »UN- Leitprinzipien für Wirtschaft und Menschenrechte« weisen Unternehmen hier ausdrücklich eine verantwortliche Rolle zu, welche in Deutschland mit dem Lieferkettensorgfaltspflichtengesetz ab 2023 zudem bindend ist für Unternehmen ab einer bestimmten Größe. Mit einer Zertifizierung von Einrichtungen anhand des international anerkannten Sozialstandards SA 8000 (und einer Benennung der Prozentsätze aller Einrichtungen, die nach SA 8000 zertifiziert sind) kann eine Organisation glaubhaft ihre Verantwortungsübernahme zur Sicherstellung von Menschenrechten dokumentieren. Der SA-8000-Standard ist ein weitverbreiteter und anerkannter Standard für gesellschaftliche ESG-Fragestellungen. Je nach Anzahl der Einrichtungen sind mit der Zertifizierung – die vor-Ort-Prüfungen umfasst – auch signifikante Kosten verbunden. Um den Fokus auf potenziell risikobehaftete Zulieferer zu legen (und den Arbeitsaufwand vertretbar zu gestalten), kann die Gesamtzahl im Nenner auf diese eingegrenzt werden.

Vorteile	Nachteile
• Für alle Stakeholder leicht fassbare Größe mit hoher Aussagekraft	• Hoher Zertifizierungsaufwand (Zeit und Geld)

Stakeholder-Relevanz					
Kapitalmarkt	Gesellschaft	NGO	Medien	Politik	Mitarbeiter
mittel	gering	hoch	mittel	mittel	mittel

5.5 Menschenrechte – Sicherheitspersonal

Formel

$$\frac{\text{Gesamtzahl des zu Menschenrechten geschulten Sicherheitspersonals}}{\text{Gesamtzahl des beim Unternehmen beschäftigten Sicherheitspersonals}} \times 100\,\%$$

Rechenbeispiel (T8)

$$\frac{200}{300} \times 100\,\% = 66{,}66\,\%$$

Erläuterung

Der Prozentsatz des Sicherheitspersonals, das zu Menschenrechtspolitik und -verfahren der Organisation, die für die Geschäftstätigkeit maßgeblich sind, geschult wurde adressiert ein Menschenrechtsthema, welches von Beginn der Debatte an im Fokus der Zivilgesellschaft und multinationalen Institutionen steht. Denn gerade in Ländern ohne stabiles Rechtssystem stehen Sicherheitsdienste von Unternehmen vielfach in dem Ruf, Gewalt und Schusswaffen unangemessen einzusetzen. Internes Sicherheitspersonal hierauf zu schulen oder externe Sicherheitskräfte einer sorgfältigen Due Diligence vor Vertragsunterzeichnung zu unterziehen, ist daher ein effizientes Mittel, um Menschenrechtsverletzungen vorzubeugen und Risiken für den Ruf sowie mögliche Rechtsstreitigkeiten zu vermeiden. Die Kennzahl gibt den Anteil der Sicherheitskräfte an, bei dem man davon ausgehen darf, dass ihnen die Erwartungen der Organisation hinsichtlich der Wahrung der Menschenrechte bekannt sind.

Vorteile	**Nachteile**
• Abdeckung eines zentralen Themas im Bereich der Menschenrechte	• Sicherheitspersonal ist eine sehr spezifische Fokusgruppe

Stakeholder-Relevanz					
Kapitalmarkt	Gesellschaft	NGO	Medien	Politik	Mitarbeiter
mittel	gering	hoch	mittel	mittel	mittel

5.6 Menschenrechte und Ureinwohner

Formel	**Rechenbeispiel**
Land A: Gesellschaftlicher Dialog mit Bewohnern nahe der Produktionsstätte	10.000 €
Land D: Umsiedlungsunterstützung für Ureinwohner aufgrund Werkserweiterung	150.000 €
	160.000 €

Erläuterung

Die Einhaltung von Menschenrechten im eigenen Einflussbereich – hier mit Bezug auf Ureinwohner – ist ein »muss« und zentrales Element des Nachhaltigkeitsmanagements, um schwere Reputations- und finanzielle Schäden zu vermeiden. Die »UN- Leitprinzipien für Wirtschaft und Menschenrechte« weisen Unternehmen hier ausdrücklich eine verantwortliche Rolle zu, welche in Deutschland mit dem Lieferkettensorgfaltspflichtengesetz ab 2023 zudem bindend ist für Unternehmen ab einer bestimmten Größe. Die »Gesamtzahl der Vorfälle, in denen Rechte der Ureinwohner verletzt wurden, und ergriffene Maßnahmen« liefert Informationen insbesondere über Regionen, in denen indigene Völker leben, welche im Zusammenhang mit den Geschäftsaktivitäten der berichtenden Organisation stehen. Die ILOC-Übereinkommen 107 und 169 behandeln die Rechte der indigenen Völker. Danach sind die Rechte von Ureinwohnern zu respektieren und zu schützen. Sofern Unternehmen über Produktionsstätten verfügen, die mittel- und unmittelbar Ureinwohner betreffen (häufig bei Minen- oder Bergbauunternehmen der Fall), ist eine Veröffentlichung des Indikators bedeutsam. Die zunehmende Erschließung neuer Rohstoffvorkommen in Schwellen- und Entwicklungsländern hat auch medial das Interesse an diesem Thema deutlich erhöht.

Vorteile	**Nachteile**
• Vor allem für extraktive Industrien eine unverzichtbare (erwartete) Kennzahl • Abdeckung eines zentralen Themas im Bereich der Menschenrechte	• Primär beschreibende/qualitative Kennzahl über Risiken mit Bezug auf Ureinwohner • Industriespezifische Relevanz

Stakeholder-Relevanz					
Kapitalmarkt	Gesellschaft	NGO	Medien	Politik	Mitarbeiter
mittel	gering	hoch	hoch	hoch	mittel

5.7 Zulieferer mit Risiko von Kinderarbeit

Formel	Rechenbeispiel
Land B: Reinigungskräfte der Fremdfirma – Ausgaben für Schulungen	10.000 €
Land C: Einkauf von Rohstoffen – Ausgaben für Zertifizierung von Zulieferern	70.000 €
	80.000 €

Erläuterung

Die Einhaltung von Menschenrechten im eigenen Einflussbereich – hier mit Bezug auf Kinder- und Zwangsarbeit – ist zentrales Element des Nachhaltigkeitsmanagements, um schwere Reputations- und finanzielle Schäden zu vermeiden. Die »UN- Leitprinzipien für Wirtschaft und Menschenrechte« weisen Unternehmen hier ausdrücklich eine verantwortliche Rolle zu, welche in Deutschland mit dem Lieferkettensorgfaltspflichtengesetz ab 2023 zudem bindend ist für Unternehmen ab einer bestimmten Größe. Die »ermittelte Geschäftstätigkeiten und Zulieferer, bei denen ein erhebliches Risiko auf Kinderarbeit besteht, und ergriffene Maßnahmen, um zur Abschaffung von Kinderarbeit beizutragen« liefert als Basisanalyse wichtige Informationen für den unternehmensspezifischen Menschenrechtsansatz einer Organisation. Glaubhaft ist dieses Engagement nur, wenn hierbei über die Grenzen des eigenen Unternehmens hinweg auch die Zulieferer in den Blick genommen werden. Ein glaubwürdiger Ansatz zum unternehmerischen Umgang und Prävention von Kinder- und Zwangsarbeit ist zunehmend Grundlage für Verträge mit Großkunden. Hierin müssen Unternehmen rechtsverbindlich Auskunft geben, inwieweit Kinder- und Zwangsarbeit in den Unternehmensprodukten ausgeschlossen ist.

Vorteile	Nachteile
• Dokumentation einer ethisch unbestrittenen Anforderung an verantwortliches Handeln • Teil des Due-Diligence-Prozesses der UN Guiding Principles	• Unklarheit bzw. gesellschaftlicher Diskurs über die Reichweite der Verantwortung der Unternehmen • Primär beschreibende/qualitative Kennzahl (schwer quantifizierbar)

Stakeholder-Relevanz					
Kapitalmarkt	Gesellschaft	NGO	Medien	Politik	Mitarbeiter
hoch	mittel	hoch	mittel	hoch	hoch

Kapitel 6

Gesellschaftliche SRI-Kennzahlen – Compliance, Recht und Integrität

6.1 Korruption – Umsatzanteil in CPI kritischen Ländern

Formel

$$\frac{\text{Umsatz in Regionen mit einem TI CPI} < 6.0}{\text{Gesamtumsatz}} \times 100\,\%$$

Rechenbeispiel (T1)

$$\frac{3.450 \text{ Mio. €}}{11.500 \text{ Mio. €}} \times 100\,\% = 30\,\%$$

Erläuterung

Die potenzielle Gefahr in korruptes Verhalten verstrickt zu werden, lässt sich darstellen, indem Unternehmen ihren Umsatzanteil in den Ländern benennen, die im Ruf stehen, für Korruption anfällig zu sein. Hierfür ermittelt die Nichtregierungsorganisation Transparency International (TI) jährlich den CPI – den Corruption Perception Index.[20] Er gibt an, wie hoch das wahrgenommene (nicht tatsächliche) Landesrisiko für Korruption und Bestechung ist. In Ländern mit einem Wert unter 6.0 ist dies als hoch anzusehen. Der CPI gilt vielen Unternehmen als Richtschnur für die Ableitung angemessener Compliance-Aktivitäten.

Der Umsatzanteil des Unternehmens in diesen Ländern vermittelt ein Gefühl dafür, welchem potenziellen Korruptionsrisiko das Unternehmen ausgesetzt ist. Je höher dieser Anteil ist, desto umfangreicher sollten die Compliance-Aktivitäten des Unternehmens ausgestaltet sein.

Vorteile	Nachteile
• Dokumentation besonders korruptionsgefährdeter Umsatzanteile • Orientierung an einer unabhängig erstellten (aktuellen) Rangliste von TI	• TI-CPI Grenzwert <6 diskussionswürdig (ggf. unternehmensspezifisch abweichenden Grenzwert wählen)

[20] Vergleiche zum CPI: Transparency International (2020)

Stakeholder-Relevanz					
Kapitalmarkt	Gesellschaft	NGO	Medien	Politik	Mitarbeiter
hoch	mittel	hoch	mittel	hoch	mittel

6.2 Korruption – untersuchte Geschäftseinheiten und Standorte

Formel

$$\frac{\text{Gesamtzahl der auf Korruptionsrisiken untersuchten Geschäftseinheiten}}{\text{Gesamtzahl der Geschäftseinheiten}} \times 100\,\%$$

Rechenbeispiel (T9)

$$\frac{22}{30} \times 100\,\% = 73{,}3\,\%$$

Erläuterung

Der Kampf gegen Korruption und Bestechung sind zentrale Elemente des Nachhaltigkeitsmanagements, um schwere Reputationsschäden sowie finanzielle Schäden zu vermeiden, die sich vor allem aus Strafzahlungen nach juristischen Verfahren ergeben. Ein angemessenes System an Richtlinien und Prozessen, die eine Gesetzes- und Regeleinhaltung sicherstellen (Compliance) können helfen, diese Risiken zu minimieren.

Die Risikoanalyse für die Geschäftseinheit in unterschiedlichen Ländern vor dem Korruptions- bzw. Compliance-Hintergrund sowie der Prozentsatz der Geschäftseinheiten / Geschäftsstandorte, die im Hinblick hierauf geprüft wurden, ist ein wichtiger und notwendiger Bestandteil eines Managementansatzes gegen Korruption. Dieser hilft dabei, das Potenzial für Korruptionsvorfälle in der Organisation abzuschätzen und gegebenenfalls steuernd einzugreifen.

Vorteile	Nachteile
• Analyseergebnisse liefern unverzichtbare Basis für länderspezifische Risikomanagement-Initiativen	• Kennzahl als solche dokumentiert lediglich den ersten Schritt – nicht die Ernsthaftigkeit des Gesamtansatzes

Stakeholder-Relevanz					
Kapitalmarkt	Gesellschaft	NGO	Medien	Politik	Mitarbeiter
hoch	mittel	hoch	mittel	mittel	mittel

6.3 Korruption – geschulte Mitarbeiter

Formel

$$\frac{\text{Gesamtzahl auf Antikorruptionspolitik geschulter Mitarbeiter}}{\text{Gesamtzahl aller Mitarbeiter}} \times 100\,\%$$

Rechenbeispiel (T9)

$$\frac{8.000}{28.500} \times 100\,\% = 28\,\%$$

Erläuterung

Der Prozentsatz der Mitarbeiter, die in der Antikorruptionspolitik und den -verfahrensweisen der Organisation geschult wurden, dokumentiert den Aufwand, dieses Bewusstsein bei den Mitarbeitern zu schaffen. Schulungen für Mitarbeiter, vor allem in korruptionsgefährdeten Funktionen und Ländern, sind ein wichtiges Instrument, innerhalb der Organisation das Problembewusstsein zu schärfen. Diese Messgröße gibt den Anteil der Mitarbeiter der Organisation an, von denen vernünftigerweise angenommen werden kann, dass sie sich der Antikorruptionsthematik bewusst sind. Ein angemessenes Compliance-System kann helfen, diese Risiken zu minimieren. Wesentlich hierfür ist das Bewusstsein bei den Mitarbeitern für das richtige Verhalten in kritischen Situationen.

Es ist zu empfehlen, diesen Indikator weiter auszudifferenzieren – für Mitarbeiter, Führungskräfte, Kontrollgremien, Geschäftspartner und für unterschiedliche Regionen. Neben der absoluten Quote hängt die Aussagekraft dieser Kennzahl maßgeblich davon ab, ob diejenigen Mitarbeiter Schulung erhalten, die hierbei besonderen Korruptionsrisiken ausgesetzt sind (z.B. Einkauf, Vertrieb etc.).

Vorteile	**Nachteile**
• Schulungen sind wichtige Instrumente für die Schaffung von Problembewusstsein	• Kennzahl erfordert ergänzende Erläuterungen über besonders gefährdete und geschulte Mitarbeitergruppen

Stakeholder-Relevanz					
Kapitalmarkt	Gesellschaft	NGO	Medien	Politik	Mitarbeiter
mittel	gering	mittel	mittel	mittel	hoch

6.4 Mitarbeiter-Abdeckungsgrad des Verhaltenskodex

Formel

$$\frac{\text{Anzahl der Mitarbeiter, für die der Verhaltenskodex gilt}}{\text{Gesamtzahl der Mitarbeiter}} \times 100\,\%$$

Rechenbeispiel (T1)

$$\frac{28.500}{28.500} \times 100\,\% = 100\,\%$$

Erläuterung

Ein Verhaltenskodex ist, im Sinne einer freiwilligen Selbstverpflichtung, eine Sammlung von empfohlenen Verhaltensweisen für Mitarbeiter in bestimmten Situationen. In Unternehmen dienen Verhaltenskodizes vornehmlich, um verantwortliches Handeln zu fördern – also z. B. um Bestechungen vorzubeugen oder Menschenrechte einzuhalten.

Der Mitarbeiter-Abdeckungsgrad bezogen auf den Geltungsbereich des Verhaltenskodex gibt an, ob tatsächlich alle Mitarbeiter hieran gebunden sind bzw. ob – z. B. aufgrund länderspezifischer Gesetze oder Sonderregelungen – hiervon Ausnahmen gemacht werden. Kritisch gesehen wird insbesondere, wenn Umwelt- oder Sozialstandards in Schwellen- und Entwicklungsländern unter den Anforderungen aus internationalen Konventionen liegen. In einigen Ratings und Rankings wird der Abdeckungsgrad zum Geltungsbereich des Code of Conduct über die Mitarbeiter hinaus auch auf Zulieferer oder Joint Ventures erwartet.

Vorteile	Nachteile
• Einfache länderspezifische Ermittlung • Dokumentation als Grundvoraussetzung	• Kritisch in Ländern, in denen die Anforderungen des Kodex höher sind als gesetzliche Anforderungen oder sogar lokale Gesetze verletzen

Stakeholder-Relevanz					
Kapitalmarkt	Gesellschaft	NGO	Medien	Politik	Mitarbeiter
hoch	mittel	hoch	mittel	mittel	mittel

6.5 Umwelt – Bußgelder

Formel	Rechenbeispiel
Land E: Bußgelder für überhöhte Schmutzwasser-einleitungen	60.000 €
Land F: Ausgaben für Lärmschutzmaßnahmen nach Streitbeilegungsverfahren	50.000 €
	110.000 €

Erläuterung

Bußgelder und die Gesamtzahl nicht monetärer Strafen für die Nichteinhaltung von Umweltgesetzen und -vorschriften zeigt einerseits finanzielle Belastungen des Unternehmens auf und belegt (bei geringen Werten) andererseits die Fähigkeit des Managements, eine regelkonforme Durchführung der Geschäftstätigkeit zu gewährleisten und finanzielle und reputative Risiken zu minimieren. Im Blickpunkt sind hier neben Gesetzen zunehmend auch Vorgaben des Soft Laws, also für nicht gesetzlich verbindliche Übereinkünfte, Absichtserklärungen oder Leitlinien.

Im Falle von Verstößen gegen Umweltanforderungen können umfangreiche Sanierungsauflagen oder kostspielige Fälle von Umwelthaftung die Folge sein. Neben finanzwirksamen Bußgeldern wird auch die Benennung von nicht monetären Strafen gewünscht, z.B. als Ergebnis von Streitbeilegungsmechanismen. Sollte die Organisation keine Verstöße gegen Gesetze oder Vorschriften ermittelt haben, reicht eine kurze diesbezügliche Erklärung aus.

Vorteile	Nachteile
• Unmittelbare Wirkungen auf GuV • Gradmesser für Sorgfaltspflicht hinsichtlich Umweltauswirkungen	• Benennung von Bußgeldern erst nach Abschluss von (u.U. mehrjährigen) gerichtlichen Verfahren

Stakeholder-Relevanz					
Kapitalmarkt	Gesellschaft	NGO	Medien	Politik	Mitarbeiter
hoch	mittel	mittel	hoch	hoch	mittel

6.6 Compliance – Bußgelder

Formel	**Rechenbeispiel**
Land K: Bußgelder nach Gerichtsverfahren für Vergleich in einem Korruptionsfall	1.500.000 €
Land L: Bußgeld nach Verurteilung wegen Verstoßes gegen Kartellrecht	1.000.000 €
	2.500.000 €

Erläuterung

Der monetärer Wert signifikanter Bußgelder und Gesamtzahl nicht monetärer Strafen für die Nichteinhaltung gesetzlicher Vorgaben und Vorschriften kann das Unternehmen finanziell stark belasten. Da der Geschäftsführung gesetzlich die Hauptverantwortung für Compliance zugeschrieben wird, dokumentiert ein geringer Wert die Fähigkeit des Managements, eine regelkonforme Durchführung der Geschäftstätigkeit zu gewährleisten und finanzielle und reputative Risiken zu minimieren. Im Blickpunkt sind hier neben Gesetzen zunehmend auch Vorgaben des Soft Laws, also für nicht verbindliche Übereinkünfte, Absichtserklärungen oder Leitlinien.

Im Falle von Compliance-Verstößen (z. B. zu Bilanzbetrug, Diskriminierung oder Korruption) können umfangreiche Auflagen die Folge sein (z. B. die Einsetzung eines Monitors). Neben finanzwirksamen Bußgeldern wird auch die Benennung von nichtmonetären Strafen gewünscht, z. B. als Ergebnis von Streitbeilegungsmechanismen. Sollte die Organisation keine Verstöße gegen Gesetze oder Vorschriften ermittelt haben, reicht eine kurze diesbezügliche Erklärung aus.

Vorteile	**Nachteile**
• Kennzahl für die Wirksamkeit des ComplianceSystems • Unmittelbare Wirkungen auf GuV	• Benennung von Bußgeldern erst nach Abschluss von (u. U. mehrjährigen) gerichtlichen Verfahren

Stakeholder-Relevanz					
Kapitalmarkt	Gesellschaft	NGO	Medien	Politik	Mitarbeiter
hoch	mittel	mittel	hoch	mittel	mittel

6.7 Produkte – Bußgelder

Formel **Rechenbeispiel**

Land M: Ausgaben für Rückrufaktionen	300.000 €
Land N: Bußgelder für nicht ausreichend mit Umweltangaben gekennzeichnete Werbeplakate	200.000 €
	500.000 €

Erläuterung

Die Kennzahlen zur Produktverantwortung zeigen die Folgen des Produkt- oder Dienstleitungsmanagements für die jeweiligen Nutzer und Kunden. Bei der Produktgestaltung wird von Unternehmen erwartet, dass bei bestimmungsgemäßer Nutzung keine Gefahren für Gesundheit oder Sicherheit bestehen. Hierzu tragen geeignete Verbraucherinformationen bei sowie ein Schutz der Privatsphäre.

Der monetäre Wert signifikanter Bußgelder und die Gesamtzahl nicht monetärer Strafen – hier wegen Nichteinhaltung von Gesetzen und Vorschriften in Bezug auf die Bereitstellung und Nutzung von Produkten – zeigt einerseits finanzielle Belastungen des Unternehmens auf und belegt (bei geringen Werten) andererseits die Fähigkeit des Managements, eine regelkonforme Durchführung der Geschäftstätigkeit zu gewährleisten und finanzielle und reputative Risiken zu minimieren. Im Falle von produktbezogenen Verstößen können umfangreiche Rückrufe oder Auflagen die Folge sein. Sollte die Organisation keine Verstöße gegen Gesetze oder Vorschriften ermittelt haben, reicht eine kurze diesbezügliche Erklärung aus.

Vorteile	**Nachteile**
• Kennzahl für Konsumentenschutz • Unmittelbare Wirkungen auf GuV	• Benennung von Bußgeldern erst nach Abschluss von (u. U. mehrjährigen) gerichtlichen Verfahren

Stakeholder-Relevanz					
Kapitalmarkt	Gesellschaft	NGO	Medien	Politik	Mitarbeiter
hoch	mittel	mittel	hoch	mittel	mittel

Kapitel 7

Gesellschaftliche SRI-Kennzahlen – Zulieferer

7.1 Anteil neuer geprüfter Zulieferer – Arbeitspraktiken

Formel

$$\frac{\text{Anzahl neuer Zulieferer mit Prüfung im Hinblick auf Arbeitspraktiken}}{\text{Gesamtzahl neuer Zulieferer}} \times 100\,\%$$

Rechenbeispiel (T10)

$$\frac{110}{150} \times 100\,\% = 73\,\%$$

Erläuterung

Zuliefererfragen sind in der Verantwortungsdebatte für alle ESG-Dimensionen relevant. Denn Unternehmen werden zunehmend auch für das verantwortliche Handeln ihrer Zulieferer verantwortlich gemacht. Der Prozentsatz neuer Lieferanten, die anhand von Kriterien im Hinblick auf Arbeitspraktiken überprüft wurden, ist in der Verantwortungsdebatte eine zentrale Fragestellung. Zumindest bei Zulieferern der ersten Ebene wird diese Verantwortungsübernahme aus dem direkten Vertragsverhältnis abgeleitet.

Eine Organisation sollte zumindest belegen können, dass alle möglichen Vorkehrungen getroffen wurden, um sie zu vermeiden. Die Hinterlegung von Anforderungen an Arbeitspraktiken in den Verträgen mit den Tier 1 Zulieferern ist hierbei nur einer von mehreren geforderten Bausteinen. Ein weiterer ist die Überprüfung von kritischen Wertschöpfungsprozessen sowie ggf. das Abstellen von identifizierten Defiziten (bzw. Beendigung der Kooperation). Besonders relevant ist dies für Unternehmen, die stark mit Outsourcing und in weltweiten Netzwerken operieren. Ein regelmäßiges ESG-Screening ist daher unverzichtbarer Teil des Risikomanagements einer Unternehmung.

Vorteile	Nachteile
• Erfüllung der Anforderung der UN-Leitprinzipien für Wirtschaft und Menschenrechte	• Kennzahl deckt nur neue Zulieferer absetzt Prüfung bestehender Zulieferer voraus

Stakeholder-Relevanz

Kapitalmarkt	Gesellschaft	NGO	Medien	Politik	Mitarbeiter
mittel	gering	hoch	gering	mittel	gering

7.2 Anteil neuer geprüfter Zulieferer – gesellschaftlicher Impact

Formel

$$\frac{\text{Anzahl auf gesellschaftlichen Impact geprüfter neuer Zulieferer}}{\text{Gesamtzahl neuer Zulieferer}} \times 100\,\%$$

Rechenbeispiel (T10)

$$\frac{30}{150} \times 100\,\% = 20\,\%$$

Erläuterung

Zuliefererfragen sind in der Verantwortungsdebatte für alle ESG-Dimensionen relevant. Denn Unternehmen werden zunehmend auch für das verantwortliche Handeln ihrer Zulieferer verantwortlich gemacht. Der Prozentsatz neuer Lieferanten, die anhand von Kriterien im Hinblick auf Arbeitspraktiken überprüft wurden, ist in der Verantwortungsdebatte eine zentrale Fragestellung. Zumindest bei Zulieferern der ersten Ebene wird diese Verantwortungsübernahme aus dem direkten Vertragsverhältnis abgeleitet. Eine Organisation sollte zumindest belegen können, dass alle möglichen Vorkehrungen getroffen wurden, um sie zu vermeiden. Die Hinterlegung von Anforderungen an Arbeitspraktiken in den Verträgen mit den Tier 1 Zulieferern ist hierbei nur einer von mehreren geforderten Bausteinen. Ein weiterer ist die Überprüfung von kritischen Wertschöpfungsprozessen sowie ggf. das Abstellen von identifizierten Defiziten (bzw. Beendigung der Kooperation). Besonders relevant ist dies für Unternehmen, die stark mit Outsourcing und in weltweiten Netzwerken operieren. Ein regelmäßiges ESG-Screening ist daher unverzichtbarer Teil des Risikomanagements einer Unternehmung.

Vorteile	Nachteile
• Erfüllung der Anforderung der UN-Leitprinzipien für Wirtschaft und Menschenrechte • Minimierung von Reputationsschäden im gesellschaftlichen Umfeld	• Kennzahl deckt nur neue Zulieferer absetzt Prüfung bestehender Zulieferer voraus

Stakeholder-Relevanz					
Kapitalmarkt	Gesellschaft	NGO	Medien	Politik	Mitarbeiter
mittel	gering	hoch	gering	mittel	gering

7.3 Anteil geprüfter Zulieferer – Umweltkriterien

Formel

$$\frac{\text{Anzahl auf Umweltfaktoren geprüfter neuer Zulieferer}}{\text{Gesamtzahl neuer Zulieferer}} \times 100\,\%$$

Rechenbeispiel (T10)

$$\frac{120}{150} \times 100\,\% = 80\,\%$$

Erläuterung

Zuliefererfragen sind in der Verantwortungsdebatte für alle ESG-Dimensionen relevant. Denn Unternehmen werden zunehmend auch für das verantwortliche Handeln ihrer Zulieferer verantwortlich gemacht. Der Prozentsatz neuer Lieferanten, die anhand von Kriterien im Hinblick auf Arbeitspraktiken überprüft wurden, ist in der Verantwortungsdebatte eine zentrale Fragestellung. Zumindest bei Zulieferern der ersten Ebene wird diese Verantwortungsübernahme aus dem direkten Vertragsverhältnis abgeleitet. Eine Organisation sollte zumindest belegen können, dass alle möglichen Vorkehrungen getroffen wurden, um sie zu vermeiden. Die Hinterlegung von Anforderungen an Arbeitspraktiken in den Verträgen mit den Tier 1 Zulieferern ist hierbei nur einer von mehreren geforderten Bausteinen. Ein weiterer ist die Überprüfung von kritischen Wertschöpfungsprozessen sowie ggf. das Abstellen von identifizierten Defiziten (bzw. Beendigung der Kooperation). Besonders relevant ist dies für Unternehmen, die stark mit Outsourcing und in weltweiten Netzwerken operieren. Ein regelmäßiges ESG-Screening ist daher unverzichtbarer Teil des Risikomanagements einer Unternehmung.

Vorteile	Nachteile
• Minimierung von Haftungsrisiken und Reputationsschäden für Umweltrisiken	• Kennzahl deckt nur neue Zulieferer absetzt Prüfung bestehender Zulieferer voraus

Stakeholder-Relevanz					
Kapitalmarkt	Gesellschaft	NGO	Medien	Politik	Mitarbeiter
mittel	gering	hoch	gering	mittel	gering

7.4 Anteil ESG-bewerteter Zulieferer

Formel

$$\frac{\text{Anzahl geprüfter Zulieferer}}{\text{Gesamtzahl Zulieferer}} \times 100\,\%$$

Rechenbeispiel (T10)

$$\frac{650}{954} \times 100\,\% = 68\,\%$$

Erläuterung

Der Anteil aller Lieferanten und Partner innerhalb der Lieferkette, die auf die Einhaltung von ESG-Kriterien bewertet wurden, ist in der Verantwortungsdebatte für Unternehmen eine zentrale Fragestellung. Zumindest bei Zulieferern der ersten Ebene wird diese Verantwortungsübernahme aus dem direkten Vertragsverhältnis abgeleitet – eine darüber hinausgehende wird von der Zivilgesellschaft zudem gewünscht.

Die Hinterlegung von Anforderungen an alle drei Dimensionen (bei diesem Indikator summarisch für alle ESG-Faktoren zusammengetragen) in den Verträgen mit den Tier 1 Zulieferern ist hierbei nur einer von mehreren geforderten Bausteinen. Ein weiterer ist die Überprüfung von kritischen Wertschöpfungsprozessen sowie ggf. das Abstellen von identifizierten Defiziten (bzw. Beendigung der Kooperation). Besonders relevant ist dies für Unternehmen, die stark mit Outsourcing und in weltweiten Netzwerken operieren. Ein regelmäßiges ESG-Screening ist daher unverzichtbarer Teil des Risikomanagements einer Unternehmung.

Vorteile	Nachteile
• Minimierung von Haftungsrisiken und Reputationsschäden für Umwelt-, Gesellschafts- und Governancerisiken	• Ein um »Governance« erweiterter Prüfungsumfang

Stakeholder-Relevanz					
Kapitalmarkt	Gesellschaft	NGO	Medien	Politik	Mitarbeiter
hoch	gering	hoch	gering	hoch	gering

7.5 Anteil unter ESG-Kriterien auditierter Zulieferer

Formel

$$\frac{\text{Anzahl unter ESG-Kriterien auditierter Zulieferer}}{\text{Gesamtzahl Zulieferer}} \times 100\,\%$$

Rechenbeispiel (T10)

$$\frac{60}{954} \times 100\,\% = 6{,}3\,\%$$

Erläuterung

Der Anteil aller Lieferanten und Partner innerhalb der Lieferkette, die auf die Einhaltung von ESG-Kriterien auditiert wurden, ist in der Verantwortungsdebatte eine zentrale Fragestellung. Mit der Forderung nach Audits geht diese Kennzahl über die Anforderungen der vorherigen Kennzahlen (»nur« Prüfung) deutlich hinaus.

Die Hinterlegung von Anforderungen an alle drei Dimensionen (bei diesem Indikator summarisch für alle ESG-Faktoren zusammengetragen) in den Verträgen mit den Tier 1 Zulieferern ist hierbei nur einer von mehreren geforderten Bausteinen. Ein weiterer ist die Überprüfung von kritischen Wertschöpfungsprozessen sowie ggf. das Abstellen von identifizierten Defiziten (bzw. Beendigung der Kooperation).

Vorteile	Nachteile
• Minimierung von Haftungsrisiken und Reputationsschäden durch Identifikation/Beseitigung von Risiken • Ein hoher auditierter Zuliefereranteil erhöht die Glaubwürdigkeit von Engagement und Bericht hierüber	• Ein um »Governance« erweiterter Prüfungsumfang • Zuliefereraudits mit hohem Finanz- und Kapazitätsaufwand

Stakeholder-Relevanz					
Kapitalmarkt	Gesellschaft	NGO	Medien	Politik	Mitarbeiter
mittel	gering	hoch	gering	mittel	gering

7.6 Zulieferer mit verbindlichen Anforderungen an Arbeitsbedingungen

Formel

$$\frac{\text{Zuliefererverträge mit verbindlichen Anforderungen an Arbeitsbedingungen}}{\text{Gesamtzahl Zulieferer}} \times 100\,\%$$

Rechenbeispiel (T1)

$$\frac{954}{954} \times 100\,\% = 100\,\%$$

Erläuterung

Zuliefererfragen sind in der Verantwortungsdebatte für alle ESG-Dimensionen relevant. Denn Unternehmen werden in zunehmendem Maße auch für das verantwortliche Handeln ihrer Zulieferer verantwortlich gemacht. Der Anteil der Zulieferer, für die unternehmerische Anforderungen an Arbeitsbedingungen verbindlich sind, ist in der Verantwortungsdebatte eine zentrale Fragestellung.

Damit wird impliziert, dass auch an internationalen Standorten, die hohen Anforderungen an Arbeitsbedingungen dem westlichen Standard entsprechen und daran orientiert sind. Zumindest bei Zulieferern der ersten Ebene wird diese Verantwortungsübernahme aus dem direkten Vertragsverhältnis abgeleitet. Jedoch fordert die Zivilgesellschaft eine Verantwortung der Unternehmen über diese erste Ebene hinaus.

Vorteile	Nachteile
• Minimierung von Haftungsrisiken und Reputationsschäden zu Arbeitsbeziehungen	• Ein um »Governance« erweiterter Prüfungsumfang • Zulieferernaudits mit hohem Finanz- und Kapazitätsaufwand

Stakeholder-Relevanz					
Kapitalmarkt	Gesellschaft	NGO	Medien	Politik	Mitarbeiter
mittel	gering	hoch	gering	mittel	gering

7.7 Anteil der Zuliefererverträge mit ESG-Klauseln

Formel

$$\frac{\text{Anzahl Zuliefererverträge mit ESG-Klauseln}}{\text{Gesamtzahl Lieferanten}} \times 100\,\%$$

Rechenbeispiel (T1)

$$\frac{954}{954} \times 100\,\% = 100\,\%$$

Erläuterung

Der Anteil der Lieferanten und Partner, in deren Vertragsbedingungen bindende ESG-Klauseln eingeschrieben sind, ist in der Verantwortungsdebatte eine zentrale Kennziffer. Der Wert dieser Kennzahl nimmt idealerweise den Wert 100 % an.

Die Hinterlegung von Anforderungen an die Dimensionen Umwelt, Gesellschaft und Governance in den Verträgen mit den Tier 1 Zulieferern ist ein wirkungsvolles Instrument, den Unternehmensanspruch an Nachhaltigkeit und ESG bei Geschäftspartnern klar zu kommunizieren und juristisch bindend zu hinterlegen. Auch liefern derartige Klauseln die Grundlage, mögliche Verstöße zu ahnden bzw. weitergehende Schritte zu legitimieren (bis hin zur Beendigung der Kooperation).

Vorteile	Nachteile
• Basis für juristische Konsequenzen bei Verstößen seitens des Zulieferers • Klare Kommunikation der ESG-Anforderungen des Unternehmens	• Hinterlegung von ESG-Anforderung in Verträgen entbindet Unternehmen nicht, ggf. Prüfungen zu deren Einhaltung durchzuführen

Stakeholder-Relevanz					
Kapitalmarkt	Gesellschaft	NGO	Medien	Politik	Mitarbeiter
hoch	gering	hoch	gering	mittel	gering

7.8 Gesundheitsraten – Abwesenheitsrate bei Sublieferanten

Formel

$$\frac{\text{Gesamtzahl der Abwesenheitstage bei Sublieferanten}}{\text{Gesamtzahl der Arbeitstage bei Sublieferanten}} \times 100\,\%$$

Rechenbeispiel (T7)

$$\frac{670.000}{250 \times 100.000} \times 100\,\% = 2{,}7\,\%$$

Erläuterung

Die Abwesenheitsrate bei Sublieferanten (Absentee Rate, AR) dokumentiert die zeitlich messbare Abwesenheit des Mitarbeiters, die sich nicht auf betriebliche Arbeitsunfälle und Berufskrankheiten beschränkt. Sie erfasst die abwesenden Tage im Verhältnis zu den insgesamt für die Belegschaft der Sublieferanten vorgesehenen Arbeitstage.

Die Erfassung dieser Kennzahl auch bei den Sublieferanten ist seitens der Zivilgesellschaft vielfach gewünscht, um faire Arbeitsbedingungen oder Gesundheitsschutz auch in der Zulieferketté sicherzustellen. In der Praxis ist dies jedoch nur mit hohem Aufwand zu bewerkstelligen. Dafür spricht jedoch (zumindest in Teilen der Wertschöpfungskette), dass ein Reputationsschaden letztlich immer das Unternehmen mit dem Endprodukt (insbesondere Markenprodukte) trifft.

Vorteile	Nachteile
• Leicht nachvollziehbare Basis für potenzielle Verbesserungsinitiativen	• Enorm hoher Erhebungsaufwand – eher nicht mit vertretbarem Aufwand zu bewältigen • Daher: Präzise Definition relevanter Sublieferanten erforderlich

Stakeholder-Relevanz					
Kapitalmarkt	Gesellschaft	NGO	Medien	Politik	Mitarbeiter
hoch	gering	hoch	gering	mittel	hoch

Kapitel 8

Gesellschaftliche SRI-Kennzahlen – Engagement in Politik und Gemeinden

8.1 Prozentuale Aufteilung philanthropischer Schwerpunktaktivitäten

Formel	**Rechenbeispiel (T11)**
Philanthropische Ausgaben für:	
Kulturförderung	50.000 € (12,5 %)
+ Sportförderung	+ 100.000 € (25 %)
+ Kinder- und Jugendförderung	+ 70.000 € (17,5 %)
+ Förderung kommunaler Einrichtungen	+ 100.000 € (25 %)
+ Katastrophen- / Notfallhilfe	+ 80.000 € (20 %)
= Gesamtausgaben	**= 400.000 € (100 %)**

Erläuterung

Mit der finanziellen Unterstützung von Vereinen oder Kunst- und Kulturinstitutionen tragen Unternehmen wesentlich zum gesellschaftlichen und kulturellen Leben bei. Hierbei zählen philanthropische Aktivitäten, also Leistungen, für die Unternehmen keinen unmittelbaren Gegenwert erhalten (im Gegensatz zum Sponsoring), zu einem wichtigen Beitrag ihrer gesellschaftlichen Verantwortungsübernahme. Positive Wirkungen entstehen zudem, wenn die Aktivitäten unmittelbare Beiträge z.B. zu den nachhaltigen Entwicklungszielen (SDGs) leisten. Dies wird auch in Ratings und Rankings honoriert.

Die prozentuale Aufteilung der philanthropischen Aktivitäten zeigt transparent auf, welche thematischen Schwerpunkte hierbei gesetzt werden. Dabei ist es durchaus legitim, Schwerpunkte zu wählen, die dem operativen Geschäft nahe sind. Bei der Erfassung dieser Kennzahl sollten Marketing- und Werbeausgaben jedoch nicht berücksichtigt werden – diese werden unmittelbar dem operativen Geschäft zugeordnet.

Vorteile	**Nachteile**
• Überblick über Schwerpunktaktivitäten	• Für ein Gesamtbild von gesellschaftlichen Förderleistungen ist es sinnvoll, die Spenden um gesellschaftliche Sponsorings zu ergänzen

Stakeholder-Relevanz					
Kapitalmarkt	Gesellschaft	NGO	Medien	Politik	Mitarbeiter
mittel	hoch	mittel	mittel	mittel	mittel

8.2 Art der philanthropischen Schwerpunktaktivitäten

Formel | **Rechenbeispiel (T11)**

Philanthropische Engagements nach Art:	
Direkte finanzielle Zuwendung	250.000 € (62,5%)
+ Sachspenden	+100.000 € (25%)
+ Freistellung von Mitarbeitern (Volunteering)	+ 50.000 € (12,5%)
= Gesamtausgaben	**= 400.000 € (100%)**

Erläuterung

Unternehmen leisten mit Spenden und Unterstützungsleistungen einen wichtigen Beitrag für das gesellschaftliche Leben an lokalen Standorten. Damit gehören philanthropische Aktivitäten, also Leistungen, für die Unternehmen keinen unmittelbaren Gegenwert erhalten, zu einem wichtigen Beitrag ihrer gesellschaftlichen Verantwortungsübernahme. Positive Wirkungen entstehen zudem, wenn die Aktivitäten unmittelbare Beiträge z.B. zu den nachhaltigen Entwicklungszielen (SDGs) leisten und/oder die strategischen Nachhaltigkeitsziele des Unternehmens unterstützen. Dies wird auch in Ratings und Rankings honoriert.

Ergänzend zu der Gesamtangabe der Aufwendungen für philanthropische Aktivitäten und deren Schwerpunkte sind zahlreiche Stakeholder daran interessiert, in welcher Form diese Beiträge geleistet werden – direkt finanziell, über Sachspenden oder indirekt über die Freistellung von Mitarbeitern im Rahmen von Corporate-Volunteering-Projekten. Die Art der gewählten Instrumente ist mit unterschiedlichem innerorganisatorischen Aufwand verbunden, sodass damit ein Indiz für das Engagement in diesem Bereich verbunden ist.

Vorteile	Nachteile
• Anknüpfungspunkt für Mitarbeiter, die sich engagieren wollen	• Bewertungsfaktor für Volunteering kann unternehmensspezifisch abweichend veranschlagt werden

Stakeholder-Relevanz					
Kapitalmarkt	Gesellschaft	NGO	Medien	Politik	Mitarbeiter
mittel	hoch	mittel	mittel	mittel	hoch

8.3 Geschäftsstandorte mit Programmen für lokale Gemeinschaft

Formel

$$\frac{\text{Anzahl von Standorten mit lokalen Programmen}}{\text{Gesamtzahl Geschäftsstandorte}} \times 100\,\%$$

Rechenbeispiel (T11)

$$\frac{12}{30} \times 100\,\% = 40\,\%$$

Erläuterung

Unternehmen sind mit ihren operativen Tätigkeiten immer auch in lokale Strukturen von Städten eingebunden und beeinflussen diese. So betont z. B. die EU-Kommission in ihrer CR-Definition bereits im ersten Absatz die Verantwortung des Unternehmens für die »Auswirkungen auf die Gesellschaft«. Daraus abgeleitet ist die Anforderung, lokale Interessengruppen zu berücksichtigen – für ein Verständnis über deren Erwartungen. Dies wiederum dient einer fundierten Ausgestaltung von Einbindungs- und Förderprogrammen.

Der Prozentsatz der Geschäftsstandorte, bei denen Maßnahmen zur Einbindung lokaler Gemeinschaften, Folgenabschätzungen und Förderprogramme umgesetzt wurden, zeigt an, in welchem Ausmaß Unternehmen sich an ihren lokalen Standorten engagieren – auch im eigenen Interesse. Wie prominente Beispiele verdeutlichen – siehe z. B. die Proteste zum Untergrundbahnhof Stuttgart 21 – führt die ungenügende Einbindung von betroffenen Interessensgruppen zu einer ablehnenden Haltung bei Unternehmensprojekten. Dem kann durch eine frühzeitige Einbindung und lokale Engagements entgegengewirkt werden.

Vorteile	Nachteile
• Indiz für lokales Engagement • Dokumentation eines vorbeugenden Risikomanagements	• Anzahl der Programme sagt noch nichts über deren Qualität aus – eine detaillierte Beschreibung der Programme ist daher notwendig

Stakeholder-Relevanz					
Kapitalmarkt	Gesellschaft	NGO	Medien	Politik	Mitarbeiter
mittel	hoch	mittel	mittel	hoch	hoch

Stichwortverzeichnis

Stichwortverzeichnis

Stichwortverzeichnis

Literaturverzeichnis

Corporate Knights	»The 2014 Global 100 – Overview of Methodology«, Toronto, 2013
European Federation of Financial Analyst Societies (EFFAS)/Society of Investment Professionals Germany (DVFA) (2010)	»KPIs for ESG – A Guideline for the integration of ESG into Financial Analysis and Corporate Valuation.« (Online: https://www.dvfa.de/fileadmin/downloads/Publikationen/Standards/KPIs_for_ESG_3_0_Final.pdf, 8.7.2021)
Global Reporting Initiative (2021)	»GRI Standards« (Online: https://www.globalreporting.org/, 8.7.2021)
Heger, W.; Bürgel, M.-A.	»Corporate Responsibility: Grundlage für nachhaltiges Performance Management«, in: Roth, A. (Hrsg.): Ganzheitliches Performance Management – Unternehmenserfolg durch Perspektivenintegration in ein Management Cockpit; Freiburg: Haufe, S. 437–457.
Heger, W.; Bürgel, M.-A.	»Die Rolle des Stakeholderdialogs im Nachhaltigkeitsmanagement«, in: uwf – Umwelt-Wirtschafs-Forum, Moutchnik, A. (Hrsg.): Stakeholdermanagement im Dialog: Umwelt, Nachhaltigkeit, CSR, Vol.21, Springer 2013, S. 127–134.
Intergovernmental Panel on Climate Change (IPCC) (2021)	»AR6 Synthesis Report: Climate Change 2022« (Online: https://www.ipcc.ch/report/sixth-assessment-report-cycle/, 8.7.2021)
o. A.	»Milliardenverpflichtungen lasten auf Dax-Konzernen«, in: Handelsblatt, Online: http://www.handelsblatt.com/finanzen/boerse-maerkte/anlagestrategie/ungedeckte-pensionen-milliardenverpflichtungen-lasten-auf-dax-konzernen/6355550.html (Zugriff: 4.7.2014)

Literaturverzeichnis

Rat für Nachhaltige Entwicklung	»Der Deutsche Nachhaltigkeitskodex (DNK)« (Online: https://www.deutscher-nachhaltigkeitskodex.de/ 8.7.2021)
Task Force on Climate Related Financial Disclosure (TCFD) (2021)	»Proposed Guidance on Climate-related Metrics, Targets, and Transition Plans« (Online: https://assets.bbhub.io/company/sites/60/2021/05/2021-TCFD-Metrics_Targets_Guidance.pdf, 8.7.2021)
The 2014 Global 100 (2013)	»Overview of Methodology« October 23rd, 2013
Transparency International (2020)	»Corruption Perception Index« (Online: https://www.transparency.org/en/cpi/2020/index/nzl, 8.7.2021)
Umweltbundesamt	»Energieproduktivität und -intensität«, http://www.umweltbundesamt.de/daten/energie-als-ressource/energieproduktivitaet-intensitaet (Zugriff 4.7.2014)
United Nation (2011)	»UN-Guiding Principles on Business and Human Rights«, in der deutschen Fassung online über: https://www.auswaertiges-amt.de/de/aussenpolitik/themen/aussenwirtschaft/wirtschaft-und-menschenrechte/-/1342116
World Business Council for Sustainable Development/World Resources Institute	»The Greenhouse Gas Protocol – A Corporate Accounting and Reporting Standard«, Genf, 2014

Impressum

2. überarbeitete Auflage 2021

Konzeption:
Dr. Wolfram Heger

Autor:
Dr. Wolfram Heger

Cover:
cometis publishing GmbH & Co. KG

Verantwortlich:
cometis publishing GmbH & Co. KG
Unter den Eichen 7
65195 Wiesbaden

Tel.: 0611/205855-0
Fax: 0611/205855-66

Mail: info@cometis.de

www.cometis.de
www.cometis-publishing.de
esg@cometis.com

Leseproben

Eigenkapitalquote

Formel

$$\frac{\text{Eigenkapital}}{\text{Gesamtkapital}} \times 100\%$$

Rechenbeispiel

$$\frac{5.493}{10.134} \times 100\% = \mathbf{54{,}20\%}$$

Erläuterung

Die Eigenkapitalquote beschreibt die Beziehung zwischen Eigen- und Gesamtkapital. Je mehr Eigenkapital ein Unternehmen zur Verfügung hat, desto besser ist in der Regel die Bonität eines Unternehmens, desto höher ist die finanzielle Stabilität und desto unabhängiger ist das Unternehmen von Fremdkapitalgebern. Da Eigenkapital jedoch teurer ist als Fremdkapital (vgl. auch WACC, S. 131) belastet eine hohe Eigenkapitalquote die Rendite auf das eingesetzte Kapital. Für die Berechnung des Gesamtkapitals kann entweder die Bilanzsumme oder aber, wie von Finanzanalysten insbesondere für die Berechnung der Kapitalkosten üblich, nur die Summe aus Eigenkapital und zinstragendem Fremdkapital genommen werden.

Vorteile	Nachteile
• Stellt Art und Zusammensetzung des Kapitals dar • Einfach zu ermitteln • Dient zur Ermittlung der Verschuldung (Fremdkapitalquote) und lässt Rückschlüsse über die Stabilität eines Unternehmens zu • Im Industrievergleich hilfreich als Indikator für die relative, finanzielle Stärke eines Unternehmens	• Stark branchen- und bewertungsabgängig • Stille Reserven schmälern den tatsächlichen Wert des Eigenkapitals • Bilanzielle Werte stehen heute zunehmend den häufig genutzten Marktwerten gegenüber (z.B. Nutzung der Marktkapitalisierung anstelle des bilanziellen Eigenkapitals für Errechnung der Kapitalkosten)

Leseprobe: 100 Kennzahlen Innovationsmanagement

Kosten-Gewinn-Verhältnis

Formel

$$\frac{\text{Gesamtkosten des Projekts}}{\text{Gewinn der ersten 3 Jahre}} \times 100\,\%$$

Rechenbeispiel

$$\frac{4 \text{ Mio. €}}{3 \text{ Mio. €} + 2{,}5 \text{ Mio. €} + 1{,}5 \text{ Mio. €}} \times 100\,\% = 57{,}1\,\%$$

Erläuterung

Während der ersten drei Jahre nach Einführung eines Produktes wird vielfach ein Großteil der Gewinne realisiert. Diese alleine sind bereits ein wichtiger Indikator für den potenziellen Erfolg der Innovation. Damit wären aber die oftmals hohen Entwicklungskosten nicht berücksichtigt, die in der Entscheidung für oder gegen die Idee nicht vernachlässigt werden sollten. Die Kennzahl misst daher die Kosten je Projekt im Verhältnis zu den erwarteten Gewinnen der ersten drei Jahre. Indem man die Gewinne mit den Kosten ins Verhältnis setzt, lässt sich die Rentabilität des neuen Produkts für das Unternehmen abschätzen. Denn ausschlaggebend für die Entscheidung für oder gegen ein neues Produkt ist die Wahrscheinlichkeit, mit der sich dadurch zusätzliche Gewinne erzielen lassen. Je niedriger der Wert, desto positiver ist die Innovation für das Unternehmen zu bewerten, da sich mit geringem Kostenaufwand hohe Gewinne erzielen lassen. Ist die Zahl sehr groß, kann dies ein Indikator dafür sein, dass die Innovation am Markt nicht benötigt wird.

Vorteile	Nachteile
• Verhältnis zu Ausgaben liefert Bezugsgröße	• Bezug nur zu erwarteten Einnahmen (Prognosen)
• leicht berechenbar	• nur nutzbar bis Produktlaunch
• Vergleichswert für Auswahl von Innovationen	• längerfristige Potenziale werden nicht berücksichtigt

Leseprobe:
100 Energiekennzahlen

Brennstoffausnutzungsgrad

Formel

$$\frac{\text{Insgesamt nutzbar gemachte Energie}}{\text{Eingesetzte Primärenergie}} \times 100\,\%$$

Rechenbeispiel (T4)

$$\frac{5{,}4\ \text{GWh} + 4{,}9\ \text{GWh}}{12{,}25\ \text{GWh}} \times 100\,\% = 84{,}1\,\%$$

Erläuterung

Der Brennstoffausnutzungsgrad ist ähnlich definiert wie der elektrische oder thermische Wirkungsgrad (vgl. 3.7). Anders als dieser gibt der Brennstoffnutzungsgrad jedoch an, wie viel Energie insgesamt als Strom, Prozess- und Fernwärme aus dem Brennstoff (z. B. Gas, Kohle, Öl) genutzt wird. Der Brennstoffausnutzungsgrad kann somit höher als der elektrische Wirkungsgrad oder der thermische Wirkungsgrad sein. Bei Kraft-Wäme-Kopplungskraftwerken wird diese Kennzahl genutzt. Je höher diese Kennzahl ist, desto größer ist der Anteil der Primärenergie eines Stoffes, der den Menschen nach Verbrennen des Rohstoffs zur Verfügung steht. Der Brennstoffausnutzungsgrad liegt unter 100 %, da nie die gesamte Energie aus einem Brennstoff genutzt werden kann.

Vorteile	Nachteile
• Es wird angezeigt, wie viel Energie aus der Energie eines Rohstoffs gewonnen werden kann • Kraftwerke einer Energiequelle lassen sich anhand dieser Kennzahl hinsichtlich ihrer Effizienz vergleichen	• Diese Kennzahl ist kein Indiz für die Wirtschaftlichkeit, da die Kosten der Brennstoffe und der jeweiligen Kraftwerke (vgl. Kapitel 4) nicht berücksichtigt werden • Der Brennstoffausnutzungsgrad kann stark schwanken, abhängig von der Strom- und Wärmeabnahme des Kraftwerks • Diese Zahl ist abhängig von externen Faktoren wie Außen- und Innentemperaturen